Xingfu
ManmanTiwei Xuyao

张晓华◎编著

幸福需要
慢慢体味

幸福，需要慢慢体味，
属于知道自己想要什么的人！

幸福总会真实地在我们身边出现，我们能否让自
己感受到这些幸福，关键在于我们是否真正地把握
过、珍惜过。

中国华侨出版社

图书在版编目（CIP）数据

幸福需要慢慢体味 / 张晓华编著 . —北京：中国
华侨出版社，2013.4

ISBN 978-7-5113-3529-6

Ⅰ．①幸… Ⅱ．①张… Ⅲ．①幸福—通俗读物 Ⅳ．
① B82-49

中国版本图书馆 CIP 数据核字（2013）第 081426 号

●幸福需要慢慢体味

著　　者 /	张晓华
责任编辑 /	严晓慧
装帧设计 /	添翼图文设计室
经　　销 /	全国新华书店
开　　本 /	710×1000 毫米　1/16 开　印张 /17.5　字数 190 千字
印　　刷 /	北京九天志诚印刷有限公司
版　　次 /	2013 年 6 月第 1 版　2013 年 6 月第 1 次印刷
印　　数 /	4000 册
书　　号 /	ISBN 978-7-5113-3529-6
定　　价 /	32.80 元

中国华侨出版社　北京市朝阳区静安里 26 号　邮编：100028
法律顾问：陈鹰律师事务所
编辑部：（010）64443056　64443979
发行部：（010）64443051　传真：（010）64439708
网址：www.oveaschin.com
E-mail:oveaschin@sina.com

前言

FOREWORD

　　什么是幸福？不同的人会有不同的答案。

　　当你饥肠辘辘的时候，一桌丰盛的大餐就是幸福；当你饱受疾病折磨的时候，拥有一个健康的身体就是幸福；当你伤心流泪的时候，一声安慰的话语就是幸福；当你长时间奔波于喧嚣的人流中时，拥有一份自我的宁静就是幸福；当你吃腻了油腻的饭菜时，你会觉得偶尔的粗茶淡饭也是一种幸福……

　　关于幸福的定位没有固定的标准，它就好像一道门槛，其高低与否完全取决于自己。当你对自己所拥有的一切感觉不到幸福的时候，或许在他人眼里这些就是一种幸福。在不同环境里的人，对幸福的感受也不一样，但有一点是共同的，那就是心灵快乐才会产生幸福。所以，在日常生活中，我们不妨多听听自己内心深处发出来的声音。只要心是满满的，生活随处有幸福。

　　幸福就是一种感觉，看不见，也摸不着，它沉淀在每个人的内心深处。生活中，你或许没有骄人的物质与名利，但只要你拥有一份好的心情，那么你就是幸福的。当你用乐观的心态对待生活的时候，幸福就会像你的影子一样出现在你的身旁。

拥有一个温馨美满的家庭，是一种幸福；拥有一份稳定的工作，是一种幸福；拥有一位知心的朋友，是一种幸福；拥有一份健康的心态，也是一种幸福。所有的这些幸福总会真实地在我们身边出现，我们能否让自己感受到这些幸福，在于自己是否真正地把握过、珍惜过。

幸福是一顿可口的佳肴，只要用心品尝，每个人都能品尝到适合自己的口味；幸福是一杯美酒，用心细品，总能品出那缕浓浓的甘醇；幸福是一杯香茶，当你喝下去的时候，溢出的却是淡淡的清香，沁人心脾。

现实生活中，如果你感觉自己不幸福，那么请你对着镜子微笑一下，你会发现幸福就在你的脸上；当你试着打开尘封已久的心窗，你就会发现有一缕阳光，正悄悄地停留在你脸上，留下一抹淡淡的温暖。

幸福是什么？幸福是一种感觉，幸福只存在于你心里，幸福的定位与标准也掌握在你自己的手中。理解幸福，才能享受人生。

目录

CONTENTS

第一篇

修养身心，享受生活

健康的身体和良好的性情是幸福的源泉。只有具备了健康的身体，生活和工作才会更顺利；具备良好的性情，才可以进一步提升自己的人生高度。

第二篇

寻找属于自己的幸福

每个人的性格和爱好不同，对幸福的追求也就不一样。有的人认为财富是幸福，有的人认为健康是幸福，有的人认为名利双收才是幸福。在人生的道路上，每个人都应该追求属于自己的幸福。

第三篇

知足常乐，生活更舒心

面对生活中种种欲望，要学会知足，学会克制，因为人的欲望是没有尽头的。当你满足眼前的欲望以后，你还会有更多的欲望。当你整天为实现自己的欲望而忙碌的时候，你会发现自己活得很累。知足才能常乐。

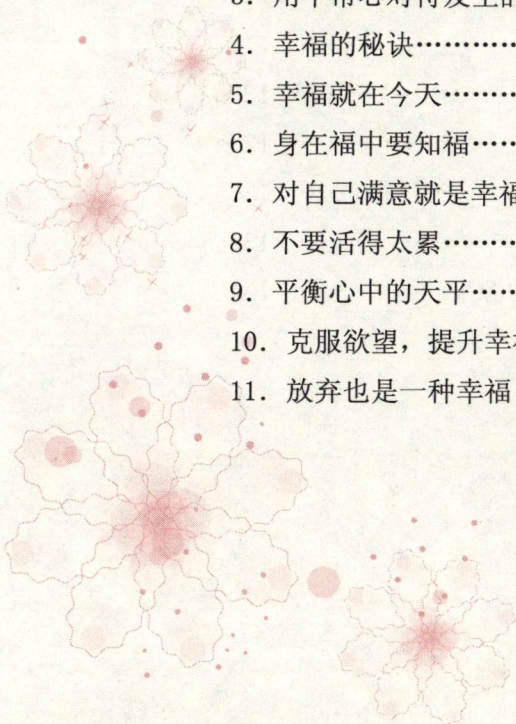

第四篇

经营好感情，享受幸福生活

在人生的道路上，友情、爱情和亲情是每个人都要面对的。在处理人际关系的时候，需要认真对待这三者的关系。友情需要珍惜，爱情需要呵护，亲情需要珍重，只有做到这些，生活才会幸福。

第五篇
客观地面对生活，幸福常相伴

生活中也许有很多曲折和坎坷，面对这些曲折和坎坷，我们要用一颗平常心去看待，踏实地面对生活，才会更轻松，更幸福。忘记过去，珍惜现在，积极探索幸福之路。

第六篇

抓住眼前的幸福

幸福在哪里？幸福在当下。过去的幸福已经成为历史，我们能把握住的只有现在的幸福。在学习和工作中寻找乐趣，抛开烦恼，开创属于自己的幸福。

第七篇
用心去感受幸福

什么是幸福？幸福在哪里？幸福离你有多远？这些都需要我们用心去感受。当幸福在你面前的时候，你是否真的用心去感受过？当幸福即将离开你的时候，你是否用心去痛苦过？当你得到属于自己的幸福时，拿出你的真心，用心去感受这一点一滴的幸福。

第八篇

健康的心态给生活带来幸福

心态就好似心中的一个天平，如果调整不好，就会偏向消极、悲观的方向，这样人们的心灵将会被黑暗所笼罩；如果偏向积极乐观的方向，人们的心灵自然会开满鲜艳美丽的花朵。所以，不管你是痛苦还是欢乐，都不能忘记心中的那架天平，适时地调整它，保持一个良好的心态，这样才能让快乐、积极的情绪充满你的心房。

第一篇

修养身心，享受生活

健康的身体和良好的性情是幸福的源泉。只有具备了健康的身体，生活和工作才会更顺利；具备良好的性情，才可以进一步提升自己的人生高度。

养成良好的生活习惯，健康
是最大的幸福

享受生命中的每一秒钟

经常反省自己

保持宁静、淡泊的心境

平凡也是一种境界

退让也是一种智慧

不要为打翻的牛奶而哭泣

心宽似海，幸福无限

不要让忧愁破坏你的好心情

1. 养成良好的**生活习惯**，
健康是最大的幸福

> 有人说，拥有财富的人更幸福，这话有一定的道理，但财富绝不是幸福的全部。幸福不仅取决于一个人的财力，还取决于一个人的精力和身体素质。如果一个人把一生有限的精力行之有效地运用到工作上，一定能取得意想不到的成功。

一个疾病缠身而且烟酒无度的人，他成功的可能性是很渺茫的。他和生龙活虎的人竞争时，从精力上已经明显地处于劣势，最终只能是一无所获。

健康，一般年轻力壮的人并不太注意，只有当害了一场严重疾病或人到中年后，才觉得健康重要。此时，往往健康已受到损害或潜在的威胁。虽"亡羊补牢犹未晚"，总不如未雨绸缪。

首先，要对健康有清醒的认识。"健康是人生的第一财富"，是爱默生的感悟。我国著名教育家陶行知也说过："健康是人生的一个重要目的，也是学问的一个重要目的。学生是学习人生之道的人，学习厚生则可，学习伤生是断断乎不可的。""我深信健康是生活的出发点，也是教育的出发点。"

著名作家梁实秋先生认为："健康的身体是做人做事的真正的本钱。"这些观点是深刻的，也是很现实的。纵然你有经天纬地的超世之才或气吞山河的宏图大志，如没有一个健康的身体，一切都将枉然。我们强调为国家、为民族创业绩、作贡献，并不是提倡人们不要健康，甚至去做无谓的牺牲。一个人一旦为国家、为民族作出了贡献，他的生命就不再完全属于个人，而是同国家、民族休戚相关的。英年早逝的著名作家路遥的几位朋友在痛惜之余，说了这样一段话：即使是一项伟大而紧迫的事业，在完成它的时候也要量力而行，不可太急太紧，在太甚太重的繁忙中马虎了自己。因为过分负荷的劳伤，过量超常规的消耗，丢失了自己，也断了千百万人的期盼。

健康养生是中华民族文化瑰宝的重要组成部分。大思想家、教育家孔子不仅在这方面多有论述，而且身体力行，在当时物质、医疗条件都十分落后的条件下，他能活到73岁，可算得上是"古来稀"了。他的养生之道主要是动静结合，生活有节。具体表现为：保持精神乐观、重视体育锻炼、讲究饮食卫生、坚持生活有节。

随着时间的推移，现代文明使人们的物质生活大为改善，但是，物质生活的优裕，医疗条件逐步好转，并不等于健康。人类正经受着由环境问题引发的各种疾病和死亡的考验。我们必须足够重视自身的健康问题，然而，生活广阔无边，人生多姿多彩，健康受多种因素的制约。世间没有一把万能的健康钥匙，也没有一张放之四海而皆准的长寿秘方。人生要求我们：热爱生命，积极生活，勇敢地去寻找自己健康的生活方式，探索自己的健康之路。

生活习惯是影响人们健康的重要因素。世界卫生组织前不久公布的一份研究报告表明，工业化国家将有75%的人死于与生活方式有关的疾病，如癌症、心血管病、呼吸系统疾病等。在发展中国家，导致死亡的原因不仅仅是传染病和遗传病，而且还有与生活不良习惯有关的疾病，如吸烟、过于肥胖、缺乏锻炼、精神紧张和吃不卫生的食品。不良生活习惯导致疾病已经成为影响世界人民健康的第一大问题。

养成一个好的生活习惯是健康的前提条件之一。这需要人用坚强的意志和毅力，去掉陋习，培养起符合科学规律和自身情况的生活习惯，敢于并善于同命运抗争，古人云："我命在我不在天。"就是这个道理。恩格斯说："生命也是存在于物质过程中的不断自行产生并自行解决的矛盾，这一矛盾一停止，生命亦即停止，于是死亡就到来了。"所以，要想有一个健康的体魄，只有自爱自立，调动自身内部的积极性。1922年的12月28日，曾经获得多次世界冠军的奥地利滑雪"女皇"克隆贝格在维也纳宣布退出体坛，许多人甚感不解。克隆贝格说："许多人说我丢失了许多钱……但我的健康比这些更重要。"

健康有其规律性，世间万事万物，都有其内在不可抗拒的规律。树木花草的各种对称，动物身体的左右对称，无论直立着的挺拔粗壮，还是运动中的敏捷矫健，都处于力的平衡和协调中。细细分析，原来这简单的，或复杂的生命都共同遵循着在短和长的不断变化中，保持对称与平衡的规则。可见，适度、对称与平衡就成了宇宙间的重要法则。正因为地球在宇宙的适度位置才造成了它适宜生命存在的大气、泥土和水，成为孕育生命的摇篮。而生命的总体则在对称和平衡的框架内保持着动态的和谐，人作为地球上一个独立物体，也是一个构架复杂的高智能系统。人的生存、发展也必须遵循适度、平衡等自然法则。否则，"物竞天择，适者生存"的自然法则也将会把人送往另一个世界。

长期以来，人们对于这些自然法则自觉不自觉地遵守着，因而，保证了社会的发展、种族的延续。当然，如果人们都自觉运用这些规律指导生活，那么，人类整体的健康水平会有一个大的提高。遵循养生之道，从小就得在各方面注意，因为这是打基础的时期，切忌过分劳累或受硬伤。人的衰老总是从头、脚两端开始，按这个道理，每天临睡前用热水泡脚，再搓脚心，以加速血液循环、阳气上升。

你要对自己的生活有一个正确的理解，在崭新的健康知识基础上，建立起自我保健、良好的生活方式和习惯，你就能够远离疾病，获得健康、长寿、幸福。

健康是一个人成功的基石，健康是幸福的源泉，也是一切事业最重要的财富。1877年，迪斯尼在他那篇令人怀念的演说中说："人民的健康是国家所依赖的基石。一个国家拥有很多能力强而有进取心的人民，那才会有杰出的企业家，才会有突破产量的农业生产，艺术才会发扬，好的建筑、寺庙、皇宫才会遍布这个国家。并且也才会拥有足够的物资力量去保卫、支持这些美好的事物，因为你会拥有精锐的军队。如果这个国家的人都静守不动，国家的力量会逐渐削弱，国家的前途注定会变得黑暗。以我看来，人民的健康应是政治家的第一等责任。"

如果你身体瘦弱、消化不良、精神疲倦、精力不足，你又能成就什么样的事业呢？无力的两肩永远攀不上社会的高层。赶快挺起胸膛，强韧肌肉，昂起头来！初期你也许不习惯，但是很快你就会得到健康带来的喜悦，因为你已敢于向重担挑战了。

可悲的是，人们常常在失去健康以后才知道健康的可贵。例如，年轻朋友唯恐消耗不了他的精力，因为他身上有剩余的精力可用，所以不加爱惜。对于在人生旅途中愿意冒险前进的朋友，建议你要注意健康，不要因为你有剩余的精力就不加珍惜而随意浪费。浪费的结果是要付出极高的代价的。为什么不好好保持自己健康的巅峰状态呢？

有一位出名的技术人员常在演讲中谈到健康的问题。他之所以强调这一点，是因为在他所认识的人中，很多人都是经过长期奋斗，在即将成功之前，因身体的问题而败下阵来，以致前功尽弃。

保持身体健康并不是一件难以做到的事情。其实，只要给它适当的注意就可以了。你对你的汽车，或者对你所宠爱的小动物不也要加以注意吗？让自己正常地吃些有营养的食物，要比乱吃刺激性的食物更有益处。其实只要保持健康，并不是说你不可以偶尔享受一些放纵的生活。只要不是经常吃得不正常、不做运动，晚上不经常迟睡，你晚上仍然可以偶尔玩玩桥牌到半夜，不过到第二天要设法补足睡眠。

健康并没有什么秘诀，只是普通常识而已。既然你不会让你的汽车成年累月地开动而不加以保养，那你为什么对自己的身体不加以关注呢？

认识到健康的重要性，人们生活在世上的第一个奋斗目标就是获得一个健康的身体，世上一切物质财富都是身外之物，只有健康是你自己的。只有具备健康的身体，才能享受幸福的生活。

健康的身体就是最大的幸福，也是一笔不可多得的财富。只有具备了健康的身体，才能享受生活中的一切。想要拥有幸福的生活吗？那么就珍惜你自己的身体吧。没有健康的身体，一切幸福都会化为泡影。

2. 控制自己的情绪，
大悲大喜伤身体

在日常生活中，人们总是要面对那些繁杂的琐事，心情难免会有喜有悲。

情绪变化往往会在我们的一些神经生理活动中表现出来。消极情绪对我们的健康十分有害，科学家们已经发现，经常发怒和充满敌意的人很可能患有心脏病，哈佛大学曾调查了1500名心脏病患者，发现他们中经常焦虑、抑郁和脾气暴躁者比普通人高三倍。再比如，当你听到自己失去了一次本应该属于自己的晋升机会时，你的大脑神经就会立刻刺激身体产生大量起兴奋作用的"正肾上腺素"，其结果是使你怒气冲冲，坐卧不安，随时准备找人"讨个说法"。

当然，这并不意味着你应该压抑所有这些情绪反应。事实上，情绪有两种：消极的和积极的。我们的生活离不开情绪，它是我们对外面世界正常的心理反应，只是不能让我们成为情绪的奴隶，不能让那些消极的心境左右我们的生活。

大怒大悲不但使人体内产生毒素，还会致癌。据国家有关部门公布的一项专项调查结果表明，中国知识分子平均寿命为58岁，低于全国平均寿命10岁左右；北京中关村知识分子平均死亡年龄为53.34岁，比10年前缩短了5.18岁。知识分子群体较高的癌症发病率引起了大家的关注。专家认为，长期脑力劳动过度，过度忧虑、过度思索、情志失调，成为这一群体患上癌症的主要原因。

一些外部环境影响很容易加大正常人诱发癌症的概率。一些病人并没有遗传因素，但因受到亲人死亡等打击，也会患上肺癌。中医专家认为，人的过激、过劳、过逸极易导致癌症、心血管疾病、内分泌系统疾病。美国一家医院调查了300名肠病患者，因情绪不好而致病的占71%，情志失调与癌症的发生有一定的关系。

对于知识分子来说，很好地控制自己的情绪，也许是降低目前这一人群癌症高发的一个有效途径。毫不夸张地说，学会控制你的情绪是你生活中一件生死攸关的大事。以下是笔者提供的几条建议：

(1) 积极寻找原因

在日常生活中，当你感觉到闷闷不乐或者忧心忡忡的时候，你所要做的第一步是找出原因。布朗是一名外贸公司的职员，他一向待人心平气和。可是他有一阵子却像换了一个人似的，对同事也没好脸色，后来他发现扰乱他心境的是在公司的一次岗位竞选上落败。

尽管布朗还年轻，还有很多机会，但他心里仍对此隐隐不安。一旦布朗了解到自己真正害怕的是什么，他似乎就觉得轻松了许多。他说："我将这些内心的焦虑用语言明确表达出来，便发现事情并没有那么糟糕。"找出问题症结后，布朗便集中精力对付它。"我开始充实自己，工作上也更加卖力。"结果，布朗不仅消除了内心的焦虑，还由于工作出色而被委以更重要的职务。他最终战胜了自己。

(2) 保证充足的睡眠

最近一项调查表明，很多城市的上班族平均每晚的睡眠时间不足7个小时。睡眠不足对人的情绪影响极大。对那些睡眠不足者而言，那些令人烦心的事更能左右他们的情绪。

对于那些知识分子，则更要保证有规律的睡眠。睡眠作为生命所必需的过程，是机体复原、整合和巩固记忆的重要环节，是健康不可缺少的组成部分。睡眠正常，即使有时情绪不稳定，通过良好的睡眠，身体得以休息，也不容易导致脏腑气血紊乱。如果工作紧张或情志失调，又不注意有规律地睡眠，很容易就导致失眠，进而造成更加严重的恶性循环。

那么，一个成年人到底睡多长时间才足够呢？有人做了一个实验，他在一个月的时间里，让14名被试者每晚在黑暗中待14个小时，第一晚，他们每人几乎睡了11个小时，仿佛是要补回以前没睡够的时间，此后，他们的睡觉时间都稳定在每晚8个小时左右。在此期间，试验者还让被试者一天两次记录他们的心情状态，所有的人都说在他们睡眠充足后心情最舒畅，看待事物的方式也更乐观。

（3）经常锻炼身体

通过运动也可以改善不良的情绪。哪怕你只是慢跑10分钟，对克服你的坏心境都能收到立竿见影的效果。健身运动能使你的身体产生一系列的生理变化，提神醒脑比药物更胜一筹。不过，要做到效果明显，你最好是从事有氧运动，像跑步、球类运动、骑车、游泳和其他有一定强度的运动。

（4）养成合理的饮食习惯

据最新的科学研究表明，碳水化合物更能使人心境平和、感觉舒畅。碳水化合物能增加大脑血液中复合胺的含量，而该物质被认为是一种人体自然产生的镇静剂。各种水果、稻米、杂粮都是富含碳水化合物的食物，因此要多吃一些这样的食物。

要确保你心情愉快，你应养成一些好的饮食习惯。大脑活动的所有能量都来自我们所吃的食物，因此情绪波动也常常与我们吃的东西有关。对于那些每天早晨只喝一杯咖啡的人来说，心情不佳是一点不足为怪。在日常生活中，要定时就餐，早餐尤其不能省；减少咖啡和糖的摄入量，因为它们都可能使你过于激动；每天要多喝水，至少喝6～8杯水。

（5）调整好生物钟

在人体内部，有一个隐形的生物钟在支配着我们。许多人都仅仅是将自己的情绪变化归之于外部发生的事，却忽视了它们很可能也与你身体内在的生物钟有关。我们吃的食物、健康水平及精力状况，甚至一天中的不同时段都能影响我们的情绪。

根据有关学者研究发现，那些睡得很晚的人更可能情绪不佳。此外，我们的精力往往在上午处于高峰，而在午后则有所下降。有人做过一个实验，实验者在一段时间里对100名实验者的情绪和体温变化进行了观察。实验人员发现，当人们的体温在正常范围内处于上升期时，他们的心情要更愉快些，而此时他们的精力也最充沛。根据这一结论，人的情绪变化是有周期的。一件坏事并不一定在任何时候都能使你烦心，它往往是在你精力最差时影响你。

(6) 保持积极乐观的心态

人活着就是为了生活更快乐、更幸福，而幸福的生活是自己努力争取来的。为了追求自己的幸福，人就有了为之奋斗的欲望；为了人生的奋斗目标，人必须使自己努力工作，在工作中寻找乐趣，让单调乏味的工作充满活力，使自己无忧无虑，身心健康。

一位心理学家曾经说过这样一句话："一些人往往将自己的消极情绪和思想等同于现实本身。"其实，我们周围的环境从本质上说是中性的，是我们给他们加上了或积极或消极的价值，问题的关键是你倾向选择哪一种。

有人曾经做了一个极为有趣的实验，实验者将同一张卡通漫画显示给两组被试者看，其中一组的人员被要求用牙齿咬着一支钢笔，这个姿势就仿佛在微笑一样；另一组人员则必须将笔用嘴唇衔着，显然，这种姿势使他们难以露出笑容。结果，实验者发现前一组比后一组被试者认为漫画更可笑。这个实验表明：我们心情的不同往往不是由事物本身引起的，而是取决于我们看待事物的不同方式。

因此，从某种程度上来看，如果你拥有了乐观积极的心态，你的生活就会像三月的阳光，让你时刻振奋，让你时刻主动，这样你就能充分释放蕴藏在体内的能量，你的潜能也将得到更好的发挥。

每个人都会有属于自己的一份幸福。在日常生活中，难免会遇到一些不尽如人意的琐事，这些琐事会打乱你平静的心绪，影响你的幸福指数。面对生活中的烦恼，要时刻保持平和的心态，切忌大喜大悲。

3. 享受生命中的每一秒钟

在每个人的一生中，幸福与痛苦总是如影随形。很多人都想让时间退到以前的美好时光，使自己快进或者跳过不想经历的痛苦时刻。当你的愿望实现的时候，你的生活又会变成什么样呢？

从前有对年轻的夫妻，丈夫魁梧帅气，妻子容貌秀丽，他们没有任何的恶癖邪念，相敬如宾，从来没有厌烦这样的生活，就这样生活了很多年。

然而，谁也没有想到，突如其来的横祸让夫妇二人双目失明。由于二人什么东西也看不到，都怕对方被人欺骗，丈夫怕失去妻子，妻子怕失去丈夫。两个人互相眷恋，他们就这样厮守着，不肯让对方离开自己一步。

就这样过了几十年，在此期间，他们的亲人遍访名医，最后终于从远处请来了最好的医生，使他们重见了光明。

妻子看见丈夫不是往日的面容，高声喊道："谁变换了我的丈夫？"丈夫睁眼看见妻子已不是原来的容颜，也大声高呼："是谁把我的妻子换走了？"

接着，夫妻二人都不肯相认，妻子哭哭啼啼，丈夫也在一边唉声叹气。这时，他们的邻居开导他们说："你们年轻时的容貌随着时间的流逝在变化，身体衰老，皮肤松弛，皱纹增加，这每天都在变化着。如果你们总希望自己的容貌和年轻时一样，那就好像是钻冰取火，这不是很荒谬的事吗？干吗啼啼哭哭而不接受现实呢？"

在人的一生中，每个年龄阶段都有每个时期的生命主题，都会因为这个主题的发挥而大放异彩，使自己的生命充满生机和活力、充满希望和幻想。这对夫妇也许是因为太过于看重彼此外在的容貌而互相吸引，他们对容貌之外的事物似乎已经忘记了。发展是永恒不变的道理，但人们总想把自己的青春留住，就像这对夫妇那样，只以青春的容貌想象对方，而不知自己和对方都在慢慢变老，不知道享受这生命的过程带来的浪漫与快乐。

人的一生中总有不如意的时候，即使生活的脚步有时候很慢、很蹉跎，但我们还是要细细品味，认真把握，因为很多东西失去了就再也没有了。

在一次泥石流灾害中，兄弟俩死里逃生。获救以后，在政府的帮助下，他们盖了新房，解决了温饱问题。在这次灾害中，哥哥和弟弟都失去了他们的家人和积蓄的财富。

哥哥经常把得到的东西抛置一边，对失去的东西总是念念不忘，成天念叨着死去的妻子和儿子，整天陷入忧郁痛苦之中，不久他患上了胃溃疡和心脏病，不到三年便病死在医院里。弟弟也没好到哪里去，他不但失去了妻子、女儿和全部家财，还失去了左腿。但他认为自己还是很幸运的，不愁吃，不愁喝，政府还给他盖了新房，感谢上苍给他留下了一条腿和一双完好的手，他能自己照顾自己。后来，经过自己的不断努力，弟弟还学会了修鞋，经济上也有了来源。弟弟学会了珍惜自己现有的一切，学会了用心去享受现有的幸福。

在这个故事中，兄弟俩有相同的遭遇，又同样幸运得救，过着相似的生活。弟弟总觉得自己过得很幸福，哥哥却恰恰相反，两种结果，两种命运。哥哥对已经失去的东西仍旧念念不忘，对拥有的东西却不珍惜。而弟弟不去想已经失去的东西，却常记着现在拥有的东西。

不难发现，幸福不在于拥有多少财富，不在于住房大小、薪水多少、职位高低，也不在于成功或失败，而在于是否学会了珍惜。不要计算已经失去的东西，多数数现在还剩下的东西。这个简单的方法，就是享受人生的一种智慧。

在一个偏僻的山村，有一位贫穷的农民，山村的生活条件十分艰苦，住的是昏暗的窑洞，吃的是玉米、土豆，家里几乎没什么值钱的家当。可他整天无忧无虑，早上唱着歌儿去干活，夕阳落山又唱着歌儿回家。

当别人问他每天为什么这么高兴时，他说："我衣食无忧，虽然吃的不是山珍海味，但也能填饱肚子，夏天住在窑洞里不用电扇，冬天热乎乎的炕头胜过暖气，这样的生活难道不好吗？"

在现实生活中，我们绝大多数人所拥有的，远远地超过了这位农民，可惜被人们自己所忽略。比如，有一天你失业了，但你有一个和睦的家庭，家中人人健康，你虽没有家财万贯，但粗茶淡饭管饱管够，绝无那些富贵病的侵扰；你的配偶或许并不出众，但他（她）能与你相亲相爱，真情到老；你的孩子虽然没有考上大学，但他（她）却事业有成。只要你换一个角度看，你会发现自己也有很多值得庆幸的地方。

人生应有两个目标，第一是得到所想要的东西，第二是享受它，享受拥有它的每一分钟。很多人总是朝着第一个目标迈进，而从来不争取第二个目标，因为他们根本不懂得享受。

> 生活中有很多东西需要我们去珍惜，而不是一味地去索取。珍惜眼前的生活，享受生命中的每一秒，这也是幸福生活的一部分。"人生七十古来稀"，在短暂的一生中，享受生命中的每一秒钟，才能让幸福常伴我们左右。

4. 经常反省自己

每个人都不是完美的，都会说错话，也会做错事。对自己做错的事，知道悔悟和责备自己，这是自我修养和前进的原动力。不反省就不会知道自己的缺点和过失，不悔悟也就无从完善自己。因此，要把反省自己当成每日的必修课。

什么是反省呢？反省是人们认识自我、发展自我、完善自我和实现自我价值的最佳方法。著名作家李奥·巴斯卡力，写了大量关于爱与人际关系方面的书籍，影响了很多人的生活。据说，他之所以有这样卓越的成就，完全得益于小时候父亲对他的教育。他回忆说，青少年时期，每当吃完晚饭的时候，父亲就会问他："李奥，你今天学了些什么？"这时李奥就会把在学校学到的东西告诉父亲。如果实在没什么好说的，他就会跑进书房拿出《大百科全书》学一点东西告诉父亲，然后再上床睡觉。他的这个习惯一直到今天还坚持着，每天晚上他都会拿10年前父亲问他的那句话来问自己，若当天没学到什么东西，他是不会上床的。这个习惯时时刺激他不断地汲取新的知识，产生新的思想，不断进步。

有位企业家认为，善待每一天是成功人生的真实写照。每一天都是描绘成功人生画卷的一笔，我们必须认真地画好每一笔。人生也好比一卷长长的胶片，每一格胶片记录着每天的生活状态。所谓反省，就是反过来省察自己，检讨自己的言行，看一看有没有要改进的地方。

人为什么要经常反省呢？原因很简单，因为人不是完美的，总有个性上的缺陷、智能上的不足，而年轻人更缺乏社会历练，常常会说错话、做错事、得罪人。反省的目的在于建立一种监督自我的畅通的内在反馈机制。通过这种机制，我们可以及时了解自己的不足，及时校正不当的人生态度。

孟子曾经说过："吾日三省吾身。"这是圣贤的修身功夫，凡人不易做得到。但时时提醒自己，检视一下自己的言行却不是太难的事。一个人有了不当的意念，或做了见不得人的事，可能瞒得过别人，但绝对骗不了自己。人之所以会做对不起别人的事，不单是外界的诱惑太大，更多的是自己的欲念太强，理智屈就于本能冲动。一个常常自我反省的人，不仅能增强自己的理智感，而且也知道什么是自己该做的，什么是自己不该做的。

只要是反省自己，随时随地都可以进行。建立自我反省机制能够达到反观自我的不足、提升自我、健全自我和改善自我的目的。要做到这些，可以从以下几方面认识反省、看待反省。

(1) 正视人性的弱点，认识反省自我的必要性

毋庸置疑，人的通病都是"长于责人，拙于责己"或以"自我为中心"。反省要求的是"反求诸己"，而不是找他人的不是。反省是一面心镜，通过它可以洞观自己的心垢。

(2) 反省是认识自我、发展自我、完善自我和实现自我价值的最佳方法

成功学专家罗宾认为："我们不妨在每天结束时，好好问问自己下面的问题：今天我到底学到些什么？我有什么样的改进？我是否对所做的一切感到满意？"如果你每天都能改进自己的能力并且过得很快乐，必然能够获得丰富的人生。真诚地面对这些提出的问题就是反省，其目的就是要不断地突破自我的局限，省察自己，开创成功的生活。

(3) 反省的立足点和取向主要是针对自己

这不仅是自身素质不断完善的手法，而且是融洽人际关系的法

宝。比如，"念自己有几分不是，则内心自然气平；肯说自己一个不是，则人之气亦平"；"自知其短，乃进德之基"；"先问自己付出多少，再问人家给了多少"等，都是很好的反省方法。若我们能时时这样去反省，就能使自己心平气和，善结人缘，力求进取，开创丰富幸福的人生。

反省的方式可以灵活多样，有人写日记，有人则静坐冥想，只在脑海里把过去的事拿出来检视一遍。只要我们都关注自身的发展，我们就无法回避认识自我的问题。"一日三省吾身"，时时叮嘱自己：我需要不断进步。

人非圣贤，孰能无过，过而能改，善莫大焉。在日常生活中，每个人都要勇敢面对自己所犯的错误，经常反省自己，这样才能避免在以后的生活中再犯类似的错误。所犯的错误减少了，生活也就顺畅了许多。

5. 保持**宁静、淡泊**的**心境**

名利是一把双刃剑，处理不好，要深受其害。很多人之所以追逐名利，是因为名利能给人一种成就感。有的人甚至认为名利与人的幸福指数息息相关，他们认为只有名利双收，才会幸福。但同时名利也会改变人的心胸，久在名利中熏染的人，性情便会变化，受不得半点不顺，一旦得不到，内心就会极不平静。

东汉时期的严子陵不汲汲于名利，更不汲汲于富贵，他知道人生的道路非常宽阔，不是用名和利就能够衡量出来的，懂得"急流勇退，去留无意"的道理。

严子陵，才华出众，是汉光武帝刘秀的老同学，但他从不因为有这样一个老同学而骄傲，对名利没有一点向往的他还怕刘秀封自己做官，所以隐居在齐县境内富春山中，隐姓埋名，以垂钓为生。

刘秀告示天下，令人寻找严子陵，并且请来宫廷的一流画师为严子陵画像，在他细细地描绘下，画师将严子陵画得形神毕肖，刘秀非常满意，下诏复制许多份颁发天下，让各地官吏负责寻找严子陵。很长时间过去了，仍然没有一点消息，光武帝非常焦急，却没有任何办法。

有句话叫"踏破铁鞋无觅处，得来全不费功夫"，一天，一个农夫上山砍柴，远远地看见河边坐着一个身穿羊皮大衣的垂钓者，竟然觉得眼熟，再往前走发现很像集市上贴的严子陵的画像，这可是光武帝下重金要寻找的人，于是农夫顾不得砍柴，便飞一般跑到衙门，向县令报告此事，农夫自然拿到了应得的奖励。

县令不敢迟疑，迅速上书光武帝说："一农夫在富春山溪水边，发现一位身披羊皮大衣的垂钓者，很像严子陵。"

刘秀听后，立即派官吏带上优厚俸禄，请严子陵出富春山回朝做官，然而淡泊名利的他毫不犹豫地拒绝了，可是光武帝不甘心，后又多次派人去请，终没有收获。刘秀便派人最后一次去富春山，让官吏无论如何一定要把严子陵请回京城，于是这些官吏只好硬把他拉上官车，一路快马加鞭把严子陵带回京城，刘秀早已为他准备好房子、食物、仆人，然而，严子陵不但没有感谢刘秀，还非常地不屑一顾。

那时，严子陵还有一个旧时好友，在朝中做大司徒，名叫侯霸，他听说老朋友已到皇宫，就派臣下侯子道带上自己的亲笔书函专程去探望，可是，侯子道恭恭敬敬地把信递过去后，发现严子陵斜倚在床上根本就没动一下，只是接过信，粗略地看了看，不以为然地放在桌子上。侯子道以为严子陵因为侯霸没有亲自看望而不高兴，于是说道："大司徒因为公事无法脱身，所以没能亲自来看您，晚上，他一定会登门拜访，您这先写个回信，也让大司徒安心。"

严子陵便提笔给侯霸写了一封简短的回信："君房（侯霸字君房）先生，既为汉朝大司徒，就应为人民做好事，如果一味地奉承君王，不顾人民死活，那样是不可以的。"

侯子道回去把信交给侯霸，侯霸看信后很不高兴，以为严子陵根本没把他这个大司徒放在眼里，于是把信交给刘秀看，谁知刘秀不怒反笑说："他还是这个倔脾气。"

当晚，刘秀亲自登门看望严子陵。可是他仍然不愿理睬，躺在床上动都没动。刘秀没有恼火，反而笑着拍拍严子陵的肚子，说："老同学，你难道一点也不念咱们同窗一场，帮我一把吗？"严子陵说："我怎么是不念旧情呢，只是我不喜欢做官，你就不要逼我了吧。"刘秀只能失望地走了。

不久后，刘秀封严子陵为谏议大夫，但是他不肯上任，一定要回富春山继续过他的隐居生活，刘秀没办法，只能暂时同意他的要求，严子陵回到富春山，每日都坐在富春江上的一个台子上钓鱼，后有人把这个地方称为"严子陵钓台"。

后刘秀又召严子陵入宫，他再一次拒绝。严子陵一生只寄情于山水间，这是一种人生的极大智慧。他很清楚名利场上的险恶，与其为名利争个你死我活，倒不如保持清高的节操，在淡泊中度过一生。

一个高风亮节的君子，不仅活得潇洒，而且能够保持他们的人格和理想，这一点远远超过为争夺名利而狰狞狼狈的小人。这些人，不为身外物所累，不受富贵名利的诱惑，所以也不会被权势左右，甚至连造物主也无法约束他们。

人的欲望是无止境的，人在没出名前想出点小名就行了；没有百万时，想着有了百万就知足了，而一旦有了百万还想千万，这也都正常。不正常的是心态和自己的幸福。什么是幸福？一百个人会有一百种理解。在名利面前，如果我们每个人都能超脱一些，知足常乐一些，其实幸福就在我们身边。

人生的境界最妙的体会应该是，一半清醒一半醉。得到与失去是人生永远不变的主题。追求名利本身并没有错，重要的是一旦你拥有了名利，是否能承担起这份名利之重。在名与利的包围中仍能感受到幸福，并享受这份幸福，我想这是最重要的。

> 海纳百川，有容乃大；壁立千仞，无欲则刚。面对生活中的种种欲望，要保持宁静、淡泊的心境。拥有万贯家财，可以过上富裕的生活；一贫如洗，陶渊明的田园生活也同样惬意。

6. 平凡也是一种境界

如果有人问："什么是幸福？"你会如何回答？不同的人会有不同的回答。商人们说有车有房是幸福；运动员说在比赛中取得第一名是幸福；而那些名人则说"功成名就"才是幸福……我觉得幸福是一种快乐的生活方式，而平凡的生活中充满了快乐。

在日常生活中，因为每个人的追求有所不同，生活方式也就不同。有人为了财富而奔波劳碌，有人为了权力而费尽手段，他们真的幸福吗？

在一个寂静的院落里，一位年过花甲的老大爷与自己的老伴安坐在院子里，他的一生平平淡淡。大学毕业以后，他在一所普通的大学任教，接着娶了个深爱自己的人，相伴一生。当有人问他："你幸福吗？"他定会慈祥地回答："当然幸福啊。"老大爷一生没有什么突出的事迹，没有值得炫耀的财富，更没有玩弄于掌中的权力，他有的只是一个深爱自己的妻子，一份稳定的工作，还有几个孝顺的子女，但这也正是他的幸福所在。平凡的生活没有风波，一切平平静静，过着一种无欲无求的生活。当我们没有了那么多欲望后就会感到身边有这么多的快乐，我们生活得这么幸福。

有的时候，虽然家庭不能给你想要的幸福，上苍对每个人都很公平，每个人都会有自己的幸福，所以别对自己失去信心，你的幸福会到来的，只是它迟到了，所以让我们一起祈祷，只要有期待，我相信你的幸福会到来，我们每个人的幸福都会到来的。

在生活中，也有这样一些人，他们每天为了满足自己的欲望，不择手段。这些人无法感到快乐，他们不甘于平凡的生活，他们总有说不完、道不尽的欲望，他们总想自己鹤立鸡群。正是这些欲望毁了他们的幸福，因为他们的欲望没有止境，他们永远不会满足，那么也就永远不会体会到幸福的真谛。

从前，有这样一个人，他始终感觉不到自己是幸福的，因为他认为自己太平凡了。有一天，他独自到花园里散步，使他万分诧异的是，花园里所有的花草树木都枯萎了，园中一片荒凉。后来他了解到，松树因自己不能像葡萄那样结出许多果实，忌妒而死；橡树埋怨自己没有松树那么高大挺拔，因此轻生厌世死了；葡萄呢？则哀叹自己终日匍匐在架子上，不能直立，不能像桃树那样开出美丽可爱的花朵，于是也死了；牵牛花也病倒了，因为它叹息自己没有玫瑰那样芬芳，其余的植物也都是因为自己的平凡而垂头丧气，没精打采，只有棵细小的草在倔强地生长。

这个人看了看这棵渺小得几乎不能再渺小，平凡得几乎不能再平凡的小草，问道："其他的植物都枯萎了，为什么只有你在茁壮地成长呢？难道你不感到沮丧吗？"

小草回答说："我一点也不失望，因为我知道，如果你想要一棵榕树，或者一棵松柏、一些葡萄、一棵桃树、一株玫瑰，你可以让园丁帮你种上，我只要做好我自己就可以了。"

也许有些人会认为，甘心做一棵平凡的小草，未免过于消极。有些自认为聪明能干、有远大抱负的年轻人，总是瞧不起那些平凡过日子的人。他们认为这些人没出息，但是当他们奋斗失败，无所作为时，面对和常人一样平淡无奇的生活时，他们就会觉得生活无聊透了。因此，他们就产生了无尽的烦恼。

如果想要让自己过上平凡的生活，其实也很简单。每天都按时作息，拥有良好的精神迎接新的一天；闲暇的时间可以和爱人去看场电影；心情低落时可以找个朋友倾诉，又或在阳光明媚的午后与家人一同坐在花园里闲聊。这一切看似平凡却能给我们带来最大的快乐。

其实平凡中有时候也蕴含着一些伟大的道理，或者说是因为平凡所以伟大。荀子的思想中，有这么一句话，大意是：度过没有大烦恼与灾祸的日子，就是天大的幸福。守住这样一份平凡，生活与工作中无论怎样的境遇，只要尽心尽力就好了，不求有多么辉煌，但求无愧于心，让一颗心在自由安宁的过程中舒展，然后很坦然地接受一切对自己的安排。

幸福其实就像一杯醇厚的工夫茶，需要耐心品味；又或就像一朵深藏的花，需要驻足欣赏。而平凡的生活正像那杯茶、那朵花，看似平凡却充满幸福。

平凡也是幸福。有的人认为平凡的生活就是自认平庸，这其实是一个误区。在平凡的岗位上，同样可以创造不平凡的业绩。其实，平凡与不平凡也只是相对而言，没有绝对的平凡，也没有绝对的不平凡。在平凡的生活中享受幸福的生活是人生的一种境界。

7. 退让也是一种智慧

为了幸福，适时的退让，既是一种策略，又是一种境界。譬如说，当怒火涌上心头时，退一步便是海阔天空。也许，情感在幸福与非幸福间摆渡，人们难以把握的就是那种"乘风破浪济沧海"的胸怀。

成长的过程总有困难，青年人若能在生活中做到忍无端争执，求彼此相安，并形成一种良好的习惯，那么在你幸福的生活中会减少很多烦恼。

唐朝时，有个大臣叫子弘，他不仅有渊博的学识而且气度不凡，因此皇帝非常欣赏他，并且屡次重用他。能够受到皇帝的宠幸是许多人的梦想，而且一旦有了皇帝的支持，有的人便飞扬跋扈起来。但子弘依然车服卑俭，对人忠厚谦让。正因为他的这种性格，不但在官场上交际得心应手，而且家庭也十分和睦。他家中曾经发生的一件事，更能充分说明他的为人之道。

他的弟弟子丑，倚仗他的权势，为人凶悍，经常酗酒闹事。有一次子丑喝醉了酒，将子弘的马给射杀了。子弘的妻子知道后，很不高兴，等他回到家就抱怨说："弟弟酒醉后耍酒疯，将马射死了，你说怎么办？"

子弘听了，看了看妻子，什么也没说，吩咐家人将死马卖了。子弘的妻子很生气，一直唠叨个不停。这时子弘平静地说道："我已清楚了。"他一点也没显出不满的情绪，脸色温和，手拿书卷，继续去书房读书。

他的妻子见丈夫如此大度，感到很过意不去，从此不再提子丑杀马的事情了。而子丑也感觉对不起哥哥，再也没犯过类似的错误。

《易经》上说："同一家之中，丈夫应该像个丈夫，妻子应当像个妻子，这样才能治家。"子弘妻子能忍受丈夫的大度，而子弘又能宽容弟弟的粗鲁行为，都可谓具有忍的度量。由于家里的人都能忍，才带来了家中上下和睦、亲密无间的局面，正如俗话所说："忍一时风平浪静。"

能够忍的人，必定是个胸怀宽广的人，做人要想做到更高的境界，就必须有宽大的胸襟，成为有海量的忍者，这样人心自会归服于你，你的事业也定会有成功之日。

北宋名相韩琦就是一个很有度量的人，他生性浑厚淳朴，行事向来光明磊落，从来不暗中伤人。

他的功劳有目共睹，在大臣中地位也最高，但从未见过他为此骄傲待人或者忍不下别人的过错。尽管身份高，但他上朝以后依然站着与其他官员说话，回家以后休息时与家里的仆人谈话，都是出于真心。他的一个下属，跟随韩琦几十年，记下了韩琦的言行，反复对照，发现他说的与做的都十分吻合，没有不相应的地方。这充分体现了他宽广的心胸与不凡的气度。

当韩琦在镇守大名府时，有人送给他两只玉杯，说："这是耕田人在地里挖掘的，里外都没有瑕疵，是很好的宝玉啊。"韩琦非常珍惜它，他用白金装饰后，玉杯显得更漂亮了。韩琦为有这对杯子而自豪，每逢开宴会招待客人时，都用绸锦盖上它，放在桌子上，让大家欣赏。

有一次，韩琦宴请一名重要的官吏，于是拿出那对玉杯装酒招待客人。当宴会要开始的时候，一位侍兵不小心，撞倒了玉杯，两只玉杯掉到地上摔碎了。出了这样的事情，所有人都为侍兵捏了把汗，那位侍兵吓坏了，马上伏在地上等候惩罚。韩琦不仅没有发怒，而且笑着对客人说："天下的东西是坏还是不坏，都有其自己的命运，人是无法左右的。"接着对那个侍兵说："你并不是故意的，没有什么过错，起来吧！"客人们对他的宽容与气量赞叹不已。

　　能够忍让的人，事情一般都能够做得比较圆满，不会有太多的意外，至于别人是否正确，那并不是最重要的。有位名人曾经说过："谨慎而忠厚，不怕容忍坏事，又有什么妨碍呢！"能够宽容待人，忍一时风浪，迎来广阔天空，这是古人的经验，也是现代人需养成的必要品质之一。

> 　　懂得忍让的人是智慧的，适时地忍让不但可以体现自己博大的胸襟，还可以减少不必要的烦恼，一举两得。

8. 不要为打翻的牛奶而哭泣

古希腊诗人荷马说过："过去的事已经过去，过去的事无法挽回。"是的，昨日的景色再美，也无法放入今日的画册中。所以，你所要做的就是好好地把握现在，珍惜此时此刻的拥有，不要把美好的时光浪费在悔恨和失去的伤感中。

在纽约，中学教师保罗博士曾给学生上了一堂难忘的课。这个班的许多学生为过去的成绩感到不安。一天保罗上课时，突然，一巴掌将放在桌上的牛奶打翻在水槽中。同时，大喊一声："不要为打翻的牛奶哭泣！"然后叫学生到水槽前仔细看一看，"我让你们记住这个道理，牛奶已淌光了，无论你怎样后悔抱怨，都无法取回。我们现在能做的就是把它忘记，然后注意下一件事。过去已经过去，我们为过去哀伤遗憾，除了劳心费神，于是无补。要想发挥潜能，取得学业的成功，必须勇于忘却过去的失误和不幸，照着莎士比亚的诗去体会'聪明的人永远不会坐在那里为他们的损失而悲伤'。"当你开始为那些已经过去的事而忧愁的时候，请你记住，不要为打翻的牛奶而哭泣。

在漫长的岁月中，你我一定会碰到一些令人不快的情况，它们既是这样，就不可能改变了，但我们也可以选择不同的态度。我们可以把它们当作一种不可避免的情况加以接受，并且适应它；或者我们可以让忧虑毁了我们的生活，甚至最后可能会弄得精神崩溃。

曾经看过这么一则故事：一天，一个女孩埋头在公园的座椅上，她在痛哭着，痛哭的原因是因为她自己深爱的男朋友爱上了别的女孩子离开了她。他们分手了，女孩想到曾经的付出与快乐，越想越不开心，越想心里越是不甘。面对失去自己无力挽回，她就这样伤心地哭了起来。一个哲人走了过来，他问女孩子为什么哭泣。女孩把失恋的事告诉了他。哲人笑了笑："我告诉你，小姑娘，你有必要在这里哭泣吗？想想看，你失去了一个不爱你的人，而你却在为一个不爱你的人而哭泣。而他，那个抛弃你的人，他却失去了一个深爱他的人。从得失上来看，他的损失比你的大，哭泣的人该是他自己啊，怎么会是你呢？"

面对发生在自己身上的不幸，如果你能够换个角度，就会得到不一样的结局。能够接受发生的事实，就是能克服不幸的第一步。

生活中也会出现令人后悔的事情，这是无法避免的。比如，许多事情发生了后悔，不发生也后悔；许多人遇到要后悔，错过了更后悔；许多话说与不说都后悔……人的遗憾与后悔情绪仿佛从来就没有离开过我们的周围，正像苦难伴随生命的始终一样，遗憾与悔恨也与生命同在，这是每个人都无法逾越的心灵之河。

人生一世，就像花开花落一样，谁都想让此生了无遗憾，谁都想让自己所做的每一件事都永远正确，顺利地达到自己预期的人生彼岸。但这只能是人的一种美好向往而已。在漫长而又短暂的人生旅程中，人不可能不做错事，更不可能不走弯路，因为人无完人。做了错事，走了弯路之后，有后悔的情绪是正常人的一种本能心理反应。这是一种自我反省，是自我解剖与抛弃的前奏曲，是自我升华的必经之路，正因为有了这种"积极的后悔"情绪，你的人生之路才会走得更好、更稳、更广阔。

但是，另一方面，如果你纠缠住后悔不放，或羞愧万分，从此一蹶不振，失去生活的希望，那么你的这种做法就是愚蠢之举了，以后的路将越走越困难，越走越窄。

覆水不可收，往事不可追，后悔徒劳无益。

有一位很有名气的成功专家，一次给学生上课时，拿出一只十分精美的咖啡杯，这只杯子太美了，学生们对它赞不绝口。而此时，专家故意装出失手的样子，咖啡杯掉在了地上，摔成碎片，这时许多学生连续地发出了惋惜声，为那只精美的杯子痛惜。专家看了看学生，说："你们不必为这只打碎的杯子惋惜，不管怎样，我们也无法使咖啡杯再恢复原形了。这就好似我们的人生，在生活中如果发生了无可挽回的事时，请记住这破碎的咖啡杯，不要为失去的而伤心和落泪。"

破碎的咖啡杯使我们懂得了：过去的已经过去，不要为打翻的牛奶而哭泣！生活不可能重复过去的岁月，时光也不会倒流。光阴如箭，人生还有许多事情在等待着我们去做，来不及后悔。从过去的错误中汲取教训，在以后的生活中不要重蹈覆辙，这才是做人的要旨所在，要知道"往者不可谏，来者犹可追"。

不要为失去而后悔。后悔也不能改变现实，只会消磨你的意志，给未来的生活罩上一层阴影。如果我们得不到希望的东西，最好不要让忧虑和悔恨来苦恼我们的生活。失去的就让它永远地过去吧。

9. 心宽似海，幸福无限

一位哲人曾经说过这样一句话："人生的最大境界就是：用微笑去面对那些曾经伤害过你的人，并用自己的热忱之心感动他，用宽容、善良、坚强成就自己的一生。"

法国19世纪的文学大师雨果说过："世界上最宽阔的是海洋，比海洋宽阔的是天空，比天空更宽阔的是人的胸怀。"

宽容是一个人的美德，韩信对于昔日让自己遭受胯下之辱的同乡，不仅不打击报复，还让他做了一名军官；魏徵劝谏李建成杀了李世民，李世民不但没有秋后算账，反让他成了自己最得力的大臣。

曾经有一位皇帝，战无不胜攻无不克，建立了不世功勋。有一次，这位皇帝决定独自一人出外去考察地形。

他孤身一人走到一家乡镇上，住进了一个小客栈，为进一步了解民情，他围绕着小镇四处漫步，和居民交谈。

为了能够更好地与人沟通，他穿的是没有任何特殊标志的平民衣服，在街道上转了一圈之后，这位战功赫赫的皇帝竟然发现自己找不到回客栈的路了。

无意之中他发现有一位军人站在前面的拐角处，于是这位皇帝想跟他打听一下方向。他走上前去问这位军官："朋友，请问去客栈的路怎么走？"

那位军官看起来还很年轻，瞥了这位"平民"一眼，连嘴里叼着的大烟斗都没有取下来，嘴里冒了一股烟，头一扭，含糊不清地说："朝右边走。"

"谢谢！那么请问从这里到客栈还有多远？"皇帝又问道。

"1000米！"这位军官显然有些不耐烦了，看都不看这位皇帝一眼。

皇帝道谢之后，准备离开，可是看着那位军官高傲的神态，又改变了主意，回过头来微笑着说："请原谅，我想再问你一个问题，你的军衔是什么？"

年轻的军官眼光闪亮了一下，对着皇帝说："你猜一下！"

皇帝故意说："是中尉？"

军官拿下嘴里的烟斗，嘴角撇了一下，意思是说太低了。

"上尉？"

年轻的军官显得很神气的样子，说："还要高些。"

"那么你是少校？"

"是的！"年轻的军官显得很骄傲，又把手中的烟斗放进了嘴里。

皇帝于是很敬佩地给他敬了一个军礼。

"你也是军人？"看见皇帝那标准的敬礼动作，少校有些诧异。

"是的。"

少校这才仔细打量了一下皇帝，问道："你是什么军衔？"

皇帝乐呵呵地看着少校，用少校先前的语气说道："你猜。"

少校对皇帝用他的语气说话有些不满，说道："中尉？"

"不是。"

"上尉？"

"还不是。"

少校走近皇帝，仔细看了看，说："那么你也是少校？"

皇帝笑着摇了摇头。

少校脸上的骄傲已经没有了，烟斗也从嘴巴上取了下来，用恭敬的语气问道："那么您是部长或者将军？"

"快猜中了。"皇帝对他表示嘉奖地一点头。

"陆军元帅吗？"少校有些说不出话来了。

"少校先生，你还可以再猜一次。"皇帝淡淡地说。

少校两腿一软，扑通跪倒在皇帝面前，说："皇帝陛下，请原谅我的无礼！请饶恕我！"

"我饶你什么呢？我应该感谢你，你为我指明了去客栈的方向，尽管你的态度不太好，可这是可以改正的，不是吗？"说完，皇帝乐呵呵地走了。

宰相肚里能撑船，这可能也是这位帝王能够成就一番伟业的原因之一吧，拥有大海般广阔的胸怀，人生哪能不轻松愉快。

大肚能容，容天下难容之事。宽容体现了一个人的修养、心胸，给他人以宽容，其实也就是成就了自己。

一对幸福的夫妻在他们结婚纪念日那天，妻子向客人说出了她保持婚姻幸福的秘诀。她说："从我结婚那天起，我就列出丈夫的10条缺点，我向自己承诺，每当他犯了这10条错误中的任何一项时，我都愿意原谅他。"

有人问她，10条缺点到底是什么？她回答说："老实说吧，这些年来，我始终没有把这10条缺点具体地列出来，每当我丈夫做错了事，让我气得直跳脚时，我马上提醒自己：算他运气好，他犯的是我可以原谅的10条错误之一。"这对夫妻保持婚姻幸福的秘诀不是别的，就是宽容，宽容是福。

宽容是一种美德，没有人穷困到无机会表达宽容的地步，没有人能比施行宽容的人更强大、更自豪。付出宽容，你将收获无穷。

在日常生活中，宽容是一种幸福。失败时多一份宽容，心中就会少一份懊悔和沮丧，就能在心底扶起一个坚强的我。宽容别人也是宽容自己，保护自己，给别人留一些空间，你将得到一片蓝天。

10. 不要让忧愁**破坏你的好心情**

"杞人忧天"这个成语广为人知，"杯弓蛇影"的故事也颇为可笑。在你身边也有类似的人，说不定你也在因为一些小事正处于忧虑之中，这其实是没有好处的，忧虑只能徒增烦恼，折磨自己，不能解决任何问题，只会让你的生活状态变得更糟。

无根据的忧虑往往不攻自破，生活中一些糟糕的情况如果让你忧虑不已，这里有一个有效消除忧虑的办法。这个办法是威利·卡瑞尔所发明的。

卡瑞尔是一个很聪明的工程师，他开创了空气调节器制造业，现在是纽约州世界闻名的瑞西卡瑞尔公司的负责人。解决忧虑的最好办法是卡瑞尔先生在纽约工程师俱乐部吃中饭时想到的。

卡瑞尔先生说："年轻的时候，我在纽约州水牛城的水牛钢铁公司做事。我必须到密苏里州水晶城的匹兹堡玻璃公司——一座花费好几百万美金建造的工厂，去安装一架瓦斯清洁机，目的是清除瓦斯里的杂质，使瓦斯燃烧时不至于伤到引擎。这种清洁瓦斯的方法是新的方法，以前只试过一次，而且当时的情况很不相同。"

"我到密苏里州水晶城工作的时候，很多事先没有想到的困难都发生了。经过一番调整之后，机器可以使用了，可是效果并不能达到我们所保证的程度。我对自己的失败非常吃惊，觉得好像是有人在我头上重重地打了一拳。我的胃和整个肚子都开始扭痛起来。有好一阵子，我担忧得简直没有办法睡觉。最后，常识告诉我忧虑并不能够解决问题，于是我想出一个不需要忧虑就可以解决问题的办法，结果非常有效。"

"这个反忧虑的办法我已经使用了30多年。这个办法非常简单，任何人都可以使用。它共有三个步骤：第一步，我首先仔细地分析整个情况，然后找出万一失败可能发生的最坏情况是什么。再分析即使这个情况坏到不可挽回的程度也没有人会把我关起来，或者把我枪毙；第二步，找到可能发生的最坏情况之后，我就让自己在必要的时候能够接受它。这样我就可以轻松下来，感受到几天以来所没体验过的一份平静；第三步，从这以后，我就平静地把我的时间和精力，拿来试着改善我在心理上已经接受的那种最坏情况。"

为什么威利·卡瑞尔的万灵公式这么有价值，这么实用呢？从心理学上来讲，它能够把你从那个巨大的灰色云层里拉下来，让你不再因为忧虑而盲目地摸索，它可以使你的双脚稳稳地站在地面上，而你也知道自己的确站在地面上。如果你脚下没有结实的土地，又怎么能希望把事情想通呢？

应用心理学家威廉·詹姆斯教授已经去世好多年了，可是如果他今天还活着，能听到这个应付最坏情况的公式，也一定会大表赞同。为什么呢？因为他曾经告诉他的学生说："你要愿意承担这种情况，因为……能接受既成的事实，就是克服随之而来任何不幸的第一个步骤。"

很有道理，对不对？可是还有成千上万的人，因为愤怒而毁了自己的生活，因为他们拒绝接受最坏的情况，不肯由此改进，不愿意在灾难中尽可能地救出点东西来。他们不但不重新构筑他们的财富，却参与了"和经验所作的一次冷酷而激烈的斗争"——终于变成人们称之为忧郁症的那种颓丧情绪的牺牲品。

你大概很愿意看看其他人是怎样利用威利·卡瑞尔的万灵公式来解决问题的吧，下面是艾尔·汉里的故事。

　　一天晚上，他的胃出血了，被送到芝加哥西比大学医学院附设的医院里。

　　三个医生中，有一个是非常有名的胃溃疡专家。他们说"已经无药可救了"。汉里只能吃苏打粉，每小时吃一大匙半流质的东西。每天早上和每天晚上都要由护士拿一条橡皮管插进胃里，把里面的东西洗出来。这种情形经过了好几个月……最后，他对自己说：你睡吧，汉里，因为你除了等死之外没有什么别的指望了，不如好好利用你剩下的这一点时间。你一直想在自己死以前环游世界，所以如果你想这样做的话，现在就去做吧。

　　当汉里对那几位医生说，要环游世界，自己会一天洗两次胃的时候，他们都大吃一惊。不可能的，他们从来没有听说过这种事。他们警告说，如果汉里开始环游世界，就只有葬在海里了。

　　"不，我不会的。"汉里回答说，"我已经答应过我的亲友，我要葬在尼布雷斯卡州我老家的墓园里，所以，我打算把我的棺材随身带着。"

　　汉里真的去买了一具棺材，把它运上船，然后和轮船公司协商好，万一他去世的话，就把尸体放在冷冻舱里，等回到老家的时候再安葬。

　　从洛杉矶上了船向东方航行的时候，汉里就觉得好多了，渐渐地不再吃药，也不再洗胃。不久之后，任何食物都能吃了——甚至包括许多奇奇怪怪的当地食品和调味品。这些都是别人说吃了一定会送命的。几个礼拜过去之后，他甚至可以抽长长的黑雪茄，喝几杯老酒。多年来汉里从来没有这样享受过。后来在印度洋上碰到季节风，在太平洋上遇到台风。这种事情并没有让汉里感到害怕，反而使他得到了很多乐趣。

　　汉里在船上和人们玩游戏、唱歌、交朋友，晚上聊到半夜。他们到了印度之后，发现回去之后要料理的私事，跟在东方所见到的贫穷与饥饿比起来，简直像是天堂跟地狱一般。他终止了所有无聊的担忧，觉得非常地舒服。回到美国之后，他几乎完全忘记自己曾患过胃溃疡。

艾尔·汉里的经验告诉我们，他征服忧虑的办法就是：世上本无事，庸人自扰之。忧虑是一剂自杀的慢性毒药，能帮助你克服忧虑的最好医师就是你自己。

> 有的人认为自己的生活中一直充满了忧愁，因此自己寝食难安。现实生活中，智者总是能够淡化忧愁，忘记忧愁。想要让自己活得更幸福吗？那就不要让忧愁破坏你的好心情。

第二篇

寻找属于自己的幸福

　　每个人的性格和爱好不同，对幸福的追求也就不一样，有的人认为财富是幸福，有的人认为健康是幸福，有的人认为名利双收才是幸福。在人生的道路上，每个人都应该追求属于自己的幸福。

什么是幸福？不同的人会有不同的答案。

当你饥肠辘辘的时候，一桌丰盛的大餐就是幸福；当你饱受疾病困绕与折磨的时候，拥有一个健康的身体就是幸福；当你伤心流泪的时候，一声亲切安慰的话语就是幸福；当你长时间奔波于喧嚣的人流中，拥有一份自我的宁静就是幸福。当你吃腻了油腻的饭菜后，你会觉得偶尔的粗茶淡饭也是一种幸福……

1. 走自己的路，让别人去说吧

曾经，听别人谈论生活，有的说生活是一个五味瓶，只有嗅过的人才能知道它的滋味；有的说生活是一笔财富，只有真正去追求时，才能懂得它的可贵；还有的说生活是一条小河，只有在它上面泛舟时，才知道它的深浅。

小刘在一家公司里是一名普通的职员。最近，小刘遇到了一件让他烦恼的事。公司前几天组织了一次集体活动，在活动过程中，他买了一些纪念品，但是他根本没有想过把纪念品送给某某领导，可是偏偏又有别人将同样的东西送给了某某领导，于是就有人怀疑是他送的，还在背后对他议论纷纷。真是郁闷，自己并没有送，别人却以为是自己送的。他不由自主地慨叹：做人真难！

人生在世，无非就是为了开开心心地过好每一天，没有必要为了一些别人的闲言闲语而自寻烦恼，走自己的路，让别人去说吧，清者自清，浊者自浊，何必去在乎那么多世俗的东西呢？更何况即使买一点小东西送给领导也无所谓啊，人之常情吗，何必在意呢？

"走自己的路，让别人去说吧！"说起来简单，真的做起来，又谈何容易。当十个人中有九个人说你错了，另一个人不赞成也不反对的时候，也许你会犹豫，虽然说真理不一定总在多数人的那边，但是孤军奋战，真的是累。做一个自信的人需要有多大的勇气，多大的决心啊！但是，倘若你不努力去做到这一点，而太注重自己在别人眼中的形象的话，你将会活得很累。

当然，走自己的路，让别人去说吧！不是说要你一意孤行，不

39

听良言善劝而导致一错再错，而是说要认真听取别人的意见，经过一番思考后，有自己的一点独立的见解。亦是说，无论做什么事都要有一点主见，而不是墨守成规、人云亦云、萧规曹随，改变甚至放弃自己的观点和看法。

许多时候，我们太在意别人的感觉，因而在一片迷茫之中却迷失了自己。

随意地活着，你不一定很平凡，但刻意地活着，你一定会很痛苦，其实人活着的目的只有一个，那就是不辜负自己。

别人的眼光和议论，你不必太在意，我们为何要在意那些属于我们生命以外的一些东西呢？我们应牢牢把握的只是生命本身，如果我们一直活在别人的目光下，那么属于我们自己的生命还有多少呢？

一位哲人曾经说过："生命短促，没有时间可以浪费，一切随心自由才是应该努力去追求的，别人如何议论和看待我，便是无足轻重了。"其实，许多时候，只要坚信自己的观点和看法是正确的，又何必在乎一些庸人的闲言碎语呢？只要自己不怀疑自己，生活就属于你自己。可是往往有很多人把原本属于自己的生命交给了别人的眼睛和口舌。

人应该为自己活着，活在自己的世界里，不要受别人的意见和看法的影响而左右自己的行为，每个人都有自己所追求的人生理想和人生价值，只要自己时刻保持一份良好而健康的心态，用心去经营生活，让自己每天都过得快乐，充实而有意义，你的人生就是完美的，你的人生价值就得到了体现，你就没有枉过这一生了。

在日常生活中，求学路上不顺，工作路上不顺，感情上的纠葛，家庭生活上也难尽如人意，让许多年轻人的生活孤独空虚，无所适从，进而埋怨自己命运不佳，整天唉声叹气，可能还会把自己拖入了性格孤僻甚至于古怪的边缘。

其实，这些困难是每个人都要经历的，尤其是年轻人，千万不要被这些困难吓倒。年轻人是"早晨八九点钟的太阳"，充满朝气和活力，是花的季节，完全有理由让自己过得幸福，活得快乐。那么年轻人如何才能走出属于自己的一条人生之路呢？

首先，作为年轻人，要树立远大的理想。年轻人千万不要胸无大志，日求三餐，夜求一宿，这样活在世上，最终只能是一事无成，白白浪费青春，这样怎能感觉到幸福和快乐呢？年轻人首先要为自己的学习或工作树立远大的理想，并付诸实际行动，坚持不懈地做下去，然后收获成功的喜悦。有了成绩，师长欢喜，同伴羡慕，你就拥有一份好心情，生活就变得多姿多彩了，人生的目标就能达到了，你能不快乐吗？

其次，学会自我减压，调节情绪。在日常生活中，谁都会遇到烦心的事。当你碰到不开心的事，你会心烦意乱，甚至认为身边所有的人都与你过不去，进而感到这个世界越来越无意义。但如果你懂得自我调节，就会拥有轻松愉快的心情。比如，走出自卑的阴影，到阳光中散散步，看看叶的碧绿，闻闻花的芳香，呼吸新鲜的空气，心理压力就会得以减轻；或者去茶座品味苦涩之后的甘甜，去舞厅领略疯狂之后的舒畅，你就会变个样，变得活泼可爱。

最后，广交朋友，建立友谊。对于年轻人来说，朋友，友谊是何等的重要，失败时给你一声鼓励，成功时分享你的喜悦，不幸时热情的手伸到你面前，苦闷时宽慰的话语就在你耳边。你会感到人世间原来处处有真情，生活并非全是灰色的。如果没有朋友，怎会有友谊？没有友谊的生活是孤独的、残缺的，怎能使人快乐呢？当你用善良的目光打量这个世界时，你会拥有许多朋友。纯真的友谊是茫茫人生中一盏永不熄灭的灯，照亮前程、温暖心灵。

不必为自己相貌平平、工作平淡、生活清贫而叹息了，不必为了他人的言论而迷失了自己的人生方向，趁着青春还在你手中，快振作起来吧，走出一条属于自己的人生之路。

让我们在属于我们自己的人生道路上昂首挺胸地一步步走过，只要认为自己做得对，做的问心无愧，不必在意别人的看法，不必去理会别人如何议论自己的是非，把信心留给自己，做生活的强者，永远向着自己追求的目标，执着地走自己的路。

2. 放下**完美**，**幸福**常伴左右

在现实生活中，面对多变的人生之路，一些人迷失了自己，他们不知道如何去把握自己的人生，如何去追求自己的幸福。

一些人始终认为一切完美才是幸福，但是世界上没有绝对完美的事物，也没有一个绝对完美的人，所谓的完美不过是一些虚幻的想象而已。因此，人们在面对自身的不足时要坦然面对，多一份满足，多一份自信，才不会被完美主义的心态所左右。

有这样一句谚语："世上没有不生杂草的花园。"说到底，金无足赤，人无完人。比如，就人的外表美来说，究竟高大是美还是纤巧为美？大眼睛美还是小眼睛美？在唐朝，女人丰满为美，而现在大家都在追求苗条。在不同的时代，美也有不同的界定。在日常生活中，有些人总是不停地苛责自己，原因就是他们始终怀有完美主义的心态，在潜意识里一直不懈地追求着完美。对自己的言谈举止要时刻保持高雅而优美，遇到发言时就拼命克制自己的紧张，他们要求自己要把工作做到最好，经常把自己累得疲惫不堪，工作却

未必如想象的那样好。

因此，想要让自己过得更幸福一些，就要卸下完美的"包袱"，尤其是在面对自身的不足时要泰然处之，承认自己的不完美，不要过分苛求自己。

有很多人之所以有很多很多的烦恼，主要是因为他们不能正确认识人生，不能从一种公平的位置去看待问题，导致他们的视角发生了偏颇。因此，即使是正确的东西在他看来也是错误的了，这是导致心理烦恼的诱因。妻子盼望丈夫飞黄腾达，父母希望儿女成龙成凤，上司期望下属积极上进，这似乎是人之常情。然而，当对方不能满足自己的期望时，便大失所望。其实，每个人都有自己的道路，何必要求别人迎合自己。

一位鼎鼎有名的演说家作了一场精彩的演讲，演讲要结束的时候，他以肯定自己的价值作为结尾，强调每一个人都会受到上帝的眷顾，每一个人都是从天而降的天使。活在这个世界上，每一个人都要善用上帝给予的恩赐，发挥自己最大的能力。

就在他的演讲快要结束的时候，下面的听众中有人不同意他的看法，这个人站起身来指着令自己不满意的面孔，说道："如果照你所说，人是从天而降的天使，请问完美天使的脸为什么这么难看？"

其中，另一个嫌自己腿短的女子也起身表示同样的意见，认为自己的短腿不是上帝完美的创造。

演讲者轻松而自信地回答："上帝的创造是完美的，而你们两人也确实是从天而降的天使，只不过这期间发生了一些意外。"

他指了指那位对自己面孔不满意的朋友，说："你降到地上时，让脸先着地罢了。"

演讲者又指着那位嫌自己腿太短的女子："而你，虽是用脚着地，却在从天而降的过程中，忘了打开降落伞。"

人们怀有完美主义的心态，追求尽善尽美是无可厚非、理所当然的事，但是这种对完美的追求也是一个沉重的包袱，在现代社会的多方面压力下，它让完美主义者看到自己对现实的无能为力，从而变得急躁、自卑，甚至急功近利。

人生总有不尽如人意之处，但这却不是上天的责任。我们不能放弃自己，要让自己更完美，并给别人以最大的帮助，不单是让他分享你的富有，而是让自己和别人一同快乐幸福地生活才是真快乐的境界。真正能达到这种境界，所仰赖的并非表面的技巧，而是通过自己秉持的正确态度，使之产生出坚定的信心、诚恳的关怀、智慧的判断，再配合幽默的反应，融合而成的完美。

放下了完美，并不一定立刻就能感受到幸福，幸福也需要自己去发现和探索。

(1) 主动寻觅、用心追求幸福

在追求幸福之前，每个人都要知道何谓幸福之道。幸福不是唾手可得的，它既不是上天赏赐的一份礼物，也不是每个人固有的一项权利；你得主动寻觅、努力追求，才能得到。当你领悟出自己不能呆坐在那儿等候幸福降临的时候，你就已经在追求幸福的路途上跨出了一大步了。为了做到这一点，你必须采取行动，认真地决策，踏上自我审视、自我改变的旅程。如果你能够做到这一点，你会渐渐感觉到你能控制自己的生活，有效地把握自己生命的航程，而不会随波逐流，任人摆布。

(2) 不要盲目攀比

当年轻人走向社会以后，就会感受到"成就"的压力，这种压力会随着年龄的增长愈来愈强烈。因此，很多年轻人处处想表现优异，追求十全十美，这样，别人才会看得起自己。一旦发现自己处处不如人时，就开始伤心、自卑，结果当然毫无幸福可言。所以你应该想想当初起步错在哪里？如今有无进展？如果你真的已经尽了力，相信一定会今天比昨天好，明天比今天更好。

(3) 不要把情面看得太重

心理学专家认为，使人觉得满足的特点之一就是得到别人的赞扬。相反，别人的批评和指责会让自己的幸福指数大大降低。所以，不要太在乎别人的批评，换句话说就是脸皮要厚一点，不要因为别人的冷言冷语就伤心气愤，以为自己受了莫大的伤害。当然，如果别人的批评是正确的，你就该改进向上。如果批评是不公正的，何不一笑置之呢？不过你应该心平气和地反省一下，也许刚开始，你还不能掌握应付批评的对策，因为你也许会很敏感，难免会有情绪上的反应，可是你要练习控制自己，最终你会从中受益的。

但丁说："尽心就是完美。"因此，你一定要正确处理好努力与争第一的辩证关系，及时缓解争第一的心理压力，自己只要尽心努力就够了，不一定非要时时去争第一。

> 放下完美，并不是抛弃完美，每个人都有追求完美的权利，每个人都希望自己更完美，但是不要让追求完美影响自己的幸福生活，因为幸福的生活也是完美人生中不可缺少的一部分。

3. 适合自己的，就是幸福

在日常生活中，很多人感觉不到自己是幸福的，有的人认为有了钱就幸福了。然而，有钱不一定就幸福。有的人有着亿万家财，却寝食难安，因为这些钱来路不正；有的人钱不是很多，可他却很幸福，享受着天伦之乐，因为他是通过自己的辛劳换来的，用得自在。对处于饥饿的人来说，一顿美餐就是幸福，对于在沙漠中长途跋涉的人来说，有杯水喝就是幸福。幸福是什么？适合自己的就是幸福。

　　有的人总是对别人所拥有的东西充满了羡慕，总以为别人所拥有的生活是最好的生活。于是，便对自己的生活不停地抱怨，不知不觉已经失去了本该属于自己的幸福与快乐。

　　有两只老鼠关系很好。它们一只住在城市，另外一只住在乡下。春天里，两只老鼠约定"苟富贵，勿相忘"，任何一方一旦发达，就邀请对方来共享美好生活。

　　收获的季节到来了，乡下老鼠准备了很多食物，给它在城市居住的朋友发出了一封邀请函："城市老鼠兄，不知是否有空光临寒舍一叙？在这里，你可以悠闲无虑地生活，还可尽情欣赏乡间的秀丽山水，呼吸农村清新的空气。"

　　城市老鼠收到来信之后，非常开心，就立即起程赶赴乡下。乡下老鼠拿出半年来收藏的大麦、小麦、栗子、核桃热情款待它。城市老鼠见了这些东西，皱着眉头，不以为然地说："怎么你的生活还依然如此清贫呢？这里除了食物之外，几乎一无所有，多没劲啊！去我家玩儿吧，我一定要让你大开眼界。"

　　于是，乡下老鼠跟着城市老鼠一起进了城市，果然是大开眼界。看着那么豪华漂亮的房子，精致美味的食品，乡下老鼠羡慕得要命，想着自己在泥泞草窝中寻找食物的辛苦，想着自己那寒酸简陋的小屋，它感觉自己的命运很不幸。

　　两只老鼠走进餐厅，一边闲聊，一边品尝着美味的食物。突然外面传来一阵脚步声，有人进来了。谈兴正浓的两只老鼠没有来得及逃跑，就被堵在了餐厅里。

　　城市里豪华漂亮的房子里，没有一个可以供老鼠藏身的洞，幸好有不少杂物，它们吓得一声不吭，藏在角落的杂物堆里，才逃过了主人的眼睛。

惊魂未定的乡下老鼠忘记了饥饿，稍稍定神之后就起身告辞，它对城市老鼠说："还是乡下平静安宁的生活比较适合我，这里虽然有豪华的房子和美味的食物，但每天都需要提心吊胆。如果刚才有人来仔细搜索一下，我们肯定难逃一劫，倒不如回乡下吃麦子野果，这样才是真正的轻松快乐。"说罢，乡下老鼠就离开都市回乡下去了。

什么才是最好的？不是最高贵的，也不是最漂亮的，更不是最豪华的，而是最适合自己的。生活也是如此，只有适合自己，才会轻松、快乐。

有两只老虎，一只被关在笼子里，一只在野外。在笼子里的老虎无忧无虑，到了吃饭的时候，饲养员就会来给它送吃的。在外面的老虎自由自在。两只老虎经常做着亲切的交流，后来，两只老虎互相羡慕起来了。笼子里的老虎经常羡慕外面的老虎自由自在，外面的老虎羡慕笼子里的老虎安逸的生活。

有一天，两只老虎互换了位置。从笼子里出来的老虎拼命地在旷野里奔跑，终于得到了自由。走进笼子里的老虎也十分快乐，它再也不用为食物而发愁了。但不久后，两只老虎都死了。

很明显，一只老虎是饥饿而死，一只老虎是忧郁而死。从笼子里出来的老虎虽然获得了自由，但因为很久没有自己捕食，那些本领都忘了。走进笼子的老虎获得了安逸的生活，却因为空间狭小，百兽之王的野性遭到了遏制。

两只老虎的遭遇让我们想到了当今的社会。在现实生活中，有太多的诱惑，这些诱惑常常会让我们迷失自己，让我们感到不安，其实影响我们自己的，不仅是我们自己的欲望，更多的还是别人的生活方式。好奇心和贪婪的本性让人类迷失了方向。许多时候，人们往往看不到自己的幸福，对别人的幸福却羡慕不已。这也像围城一样，在城内的人想出去，城外的人想进来。然而他们不曾想到，别人的幸福也许对自己不适合，别人的幸福也许是自己的坟墓。

在我国的古代，王公贵族的子女厌倦了深宫大院的钩心斗角，他们更希望自己只是一个平凡的老百姓，和自己心爱的人无忧无虑，不受世间俗事打扰，两情相悦地过着夫唱妇随的生活。而平民百姓则期盼有一天可以龙门一跃，对于他们来说，光宗耀祖、身份显赫，拥有财富就是幸福。什么是幸福，什么才是适合自己的幸福？其实答案就在自己的心里，就看自己怎么想。

在日常生活中，很多人历尽千辛万苦，终于追求到了自己想要的东西，然而发现它并不适合自己。我们只顾着追求梦想的时候，却不曾停下脚步，想一想究竟什么才是适合自己的。

当你在为财富、荣誉、权力而奔波的时候，不妨停下来歇歇脚，欣赏一下自己身边的景色，也许你会发现什么才是适合自己的。当你失去很多东西的时候，你才会发现适合自己的才是最好的，适合自己的才是幸福。

4. 放下面子，你会更轻松

现实生活中，面子问题是门大学问。有的人认为面子问题不是可有可无的事，面子可以衡量一个人的价值，面子的学问中蕴含着立人立志立事业的方法与技巧。因此，有的人认为面子问题不可小觑。但是，如果把面子看得太重了，就会给我们带来很多不便。

人人要面子，这是好事，又不是好事。好在有羞耻之心，不乱来，不胡作非为。不好在虚荣，重表面，患得患失。也许每个人都爱面子，如同鸟爱惜自己的羽毛，可是，倘若过分地爱，成了癖好，就很容易走火入魔，反倒伤及自身。

孔子说："过而不改，斯谓过矣。"一个人要想有面子，就要不怕丢面子。犯了一回错不算什么，错了不知悔改，才算真的错了。人无完人，没有人不会犯错误，有时甚至还一错再错。既然错误是不可避免的，那么可怕的并不是错误本身，而是怕知错而不肯改。错了也不悔过，这才是致命的弱点。

在日常生活中，每个人都会犯错误，尤其是当你精神状态不佳，承受太沉重的工作压力的时候。偶尔不小心犯错误是很正常的事情，关键是犯错后要用正确的态度对待它。犯错误不算什么罪大难饶的事，"有则改之，无则加勉"。只有放下了面子，不再固守所谓的自尊，人才能坦诚地面对自己，面对别人。其实，如果你能坦诚面对自己的弱点和错误，再拿出足够的勇气去承认它，面对它，不但能弥补错误所带来的不良后果，在今后的工作中更加谨慎，而且能加深身边的人对你的良好印象，从而很痛快地原谅你的错误。这不但不是失，反是最大的得。

直面错误，放下面子，你就会明白，面子只不过是雾里花、水中月罢了，为什么不多花点时间用在更真实的东西上呢？只有这样，你才会找到真实的自我。

刚过春节不久，小刘参加了一次战友聚会，用餐结束以后，大家一起去洗澡。小刘所去的洗浴城在春节期间没歇业，可就是搓澡工轮休，所以不能像往常那样随到随搓。那边的4个搓澡工忙得不亦乐乎，但仍有十几位浴客在等候。小刘看了看这阵势，就对战友说："我看，咱们还是相互帮着搓算了！"战友却死活不肯："我不会搓！你还是等搓澡工干吧！"

从浴池出来以后，小刘对那位战友直言不讳："这些年，你当过驾驶员、开过餐馆、干过汽修，为什么到现在一事无成，两手空空呢？就因为你总把面子看得比什么都重！那家洗浴城的一位搓澡工曾对我说，他一年能挣三四万元呢！比你们那些大事干不了小事不愿干的人强吧？"

的确，在日常生活中，很多人的面子思想至今根深蒂固，对钉鞋、搓澡这样的工作不屑一顾。这就难怪一边是诸多空岗缺人手，一边却是许多人宁肯在家闲着也不肯"低就"。这时，是应该学会放下面子了。

生活中很多人放不下情面，明明知道这件事情自己很难办到，还硬是撑着，结果把自己搞得筋疲力尽不说，还让对方陷入了尴尬的境地。所以，有些时候，该放下就放下，不要为情面所累。

下面就是关于一个青年人的故事：

阿杰刚参加工作不久，姑妈来到这个城市看他。阿杰陪着姑妈在这个小城里转了转，时间过得很快，转眼就到了吃饭的时间。

阿杰身上只有50块钱，这已是他的全部家当，他很想找个小餐馆随便吃一点，可姑妈却偏偏相中了一家很体面的餐厅。阿杰没办法，只得硬着头皮随她走了进去。

两人坐下来后，姑妈开始点菜，当她征询阿杰意见时，阿杰只是含混地说："随便，随便。"

此时，他的心七上八下，放在衣袋中的手里紧紧抓着那仅有的50元钱。这钱显然是不够的，怎么办？

可是姑妈一点也没注意到阿杰的不安，侍者端上饭菜以后，她不住口地夸赞着这儿的饭菜可口，可阿杰却什么味道都没吃出来。

最后的时刻终于来了，彬彬有礼的侍者拿来了账单，径直向阿杰走来，阿杰张开嘴，却什么也没说出来。

姑妈温和地笑了，她拿过账单，把钱给了侍者，然后盯着阿杰说："小伙子，我知道你的感觉，可你为什么不说呢？要知道，有些时候一定要勇敢坚决地把困难说出来，这是最好的选择。我来这里，就是想要让你知道这个道理。"

这一课对所有的青年人都很重要：在你力不能及的时候要勇敢

地把"不"说出来，为了面子而苦苦撑着，只会让你陷入更加难堪的境地。

做人应该懂得保护自己，该推脱的必须推脱，不要为了不值钱的面子把什么事都往自己身上揽，一味地好心，不止加重了别人的依赖，也加重了自己的负担，导致生活秩序紊乱。

5. 做自己**喜欢的事**，就是**找到了幸福**

幸福是一种感觉，只要你体会到了，那幸福才属于你。幸福就是做自己喜欢的事情。在人的一生中，有太多的事需要去做，如果你做的正是你喜欢的事，那你应该能体会到一种幸福的感觉。同样，如果你从事的工作是你喜欢的，那你就会幸福地工作，你会从工作中得到很多乐趣；当然，反过来也一样，你做的是你不喜欢的事情，你就不会有快乐的感觉，当然也就不幸福。

有关研究人员曾经对一批大学毕业生进行了一次关于人生目标的调查，结果如下：没有目标的人占37%；人生目标模糊的人占50%；有清晰而短期目标的人占10%；有清晰而长远目标的人占3%。

经过很多年以后，研究人员再次对这批学生进行了跟踪调查，结果是：那37%的人，生活没有目标，并且还在抱怨他人，抱怨社会不给他们机会。当年那些50%的人，大多有着稳定的工作，过着安稳的生活，却没有什么特别的成绩，几乎都生活在社会的中下层。当年那些10%的人，他们的短期目标不断实现，成为各个领域中的专业人士，大都生活在社会中上层。当年那3%的人在25年间始终朝着一个目标不断努力，所以，他们最终几乎都成为社会各界成功人士、行业领袖和社会精英。

由此可见，只有给自己设定了目标，才能取得成功。博恩·崔西说："成功就是目标的达成，其他都是这句话的注解。"生活中，很多成功人士正是因为设定了目标才成功的，而不是成功了才设定目标。

迈克尔·约翰逊是美国短跑名将，亚特兰大奥运会200米和400米金牌得主。在1996年6月23日，美国奥运会田径预选赛上，迈克尔·约翰逊以19秒66的成绩打破了沉寂17年之久的男子200米世界纪录。他为了挑战人类体能极限，在他的成功之路上也曾遭受了各种挫折，历经两次奥运会比赛的失败。然而，他并没有放弃自己想要成为世界冠军的目标，所以每当他遇到重大挫折和困难之时，他都会继续努力，因为他坚信，自己一定能再次站立起来。在亚特兰大奥运会400米赛跑的赛场上，当枪声响起，他如飞而去，不一会儿就把所有的选手甩在后面。他专心致志地注意跑道，观众的喧哗声似乎从他的耳中渐渐退去，心中有一个自然的节拍在运作着，他全神贯注在目标上。最后，他终于赢得了冠军，站在了竞技体育的最高领奖台上。

生活中，我们每个人都拥有梦想，这是一件简单而令人兴奋的事情，而目标就是我们要实现的梦想。人们没有目标，就不会有所进步，更不会去采取任何实践的步骤。如果今天你没有明确的目标，你就无事可做，今天的你就会糊里糊涂地度过，收获的只有茫然。同样，如果一个人没有明确的目标，他也很难有一个完整的人生规划，可想而知，他的这一生没有任何价值。生活中，没有目标的人通常也与幸福绝缘。

我们每个人都渴望幸福，都渴望成功，去自己想去的地方，有一个温暖稳定的家，有健康的亲人在我们身边，我们能做自己喜欢做的事，这些都是我们追求的幸福。但是要成功就要达成自己设定的目标或是完成自己的愿望，否则，成功是不能实现的。成功就是实现自己的既定目标。因为没有目标的人就好像没有罗盘的船只，不知道前进的方向，有明确、具体目标的人才能像有罗盘的船只一样，有明确的方向。在茫茫大海上，没有方向的船只只能跟随着有方向的船只航行。

做自己喜欢的事情就是幸福，这样的幸福算不上很高尚，但很真实，我们生活中的一切，不都是这样吗？女人喜欢逛街，是因为女人在逛街中得到了一种感觉上的满足。男人喜欢吸烟，因为烟能给他一种慰藉，能让他安静、思考。鲁迅先生的独生子周海婴从小就喜欢玩瞿秋白叔叔送给他的"积铁"，一种类似积木的金属零件，可以用来拼装小天平、跷跷板、火车、起重机等玩具。长大以后，他又学着组装收音机，迷上了无线电，后来考上了北京大学物理系。1956年毕业以后，他开始从事无线电技术工作，并成为一名著名的无线电专家。当有人为他没有成为大文学家而遗憾的时候，他却坦然地说："我没有选择文学道路，主要是由于我缺少这方面的爱好和专长。"

由此看来，一个人在事业上取得的成就大小是和兴趣有很大关系的。如果你做自己一直喜欢做的事，你的内心便会充满愉悦和快乐。所以，千万别逼迫自己或别人去做不喜欢的事，那样就会事倍功半。

做自己喜欢做的事，你会觉得快乐无比，充满信心，干劲十足。做自己喜欢做的事才更容易成功，更容易找到属于自己的一份幸福。

6. 保持本色，做独一无二**的你**

现实生活中，每个人都是独一无二的。因此，我们有理由保持自己的本色。我们不要忧虑自己与其他人有什么不同，应该充分利用大自然所赋予你的一切，保持自己的本色，怀着这种积极向上的阳光心态，追求属于自己的幸福人生。

保持本色，很简单的事情，却往往被我们弄得很复杂。为什么非要自己按照某一种模式去套搬呢？只有按照适合自己的方式去生活，才会让自己健康、快乐地成长，你才能真正发挥出自己的潜能，你才能得到充分的发展。

玛丽从小就很害羞，她体型稍胖，又有一张圆圆的脸，这使她看起来更加肥胖。玛丽的妈妈很朴实，认为玛丽无须穿得那么体面漂亮，只要宽松舒适就行了。所以，她一直穿着那些朴素宽松的衣服。此外，玛丽很少参加一些集体活动，即使入学以后，也不与其他的同学一起到户外去活动。因为她怕羞，而且已经到了无可救药的程度，她常常觉得自己与这个世界格格不入，不受别人的欢迎。玛丽在煎熬中度过了漫长的学生生涯。

很快就到了谈婚论嫁的年龄，经别人介绍，玛丽嫁给了一个教师，但她害羞的特点依然如故。婆家是本分的家庭，她总想尽力做得像他们一样，但就是做不到，家里人也想帮她从禁闭中解脱出来，但他们善意的行为反而使她更加封闭。她变得紧张易怒，她开始躲避所有的朋友，甚至听到门铃声都感到害怕。她知道自己很失败，但她又不想让丈夫失望。于是，在公众场合她总是试图表现得十分快活，有时甚至表现得太过头了，于是事后她又十分沮丧。因此，她的生活中失去了快乐，她看不到生命的意义，后来她想到了自杀……

事情终于出现了转机，玛丽并没有自杀，是她和婆婆的一段谈话改变了她的整个人生。

她在自己的日记中这样写道：一天我和婆婆闲谈，婆婆就说起她是如何把几个孩子带大的。她说："无论发生什么事，我都坚持让他们秉持本色。""秉持本色"这句话像黑暗中的一盏明灯照亮了我。我终于从困境中明白过来——原来我一直在勉强自己去充当一个不大适应的角色。从那以后，我整个人就发生了改变，我开始让自己学会秉持本色，并努力寻找自己的个性，尽力发现自己究竟是一个什么样的人。我开始观察自己的特征，注意自己的外表、风度，挑选适合自己的服饰。我开始结交朋友，真诚地与朋友沟通。我每开一次口，就增加了一点勇气。过了一段时间，我感到快乐多了，这是我以前做梦也想不到的。此后，我把这个经验告诉孩子们，这是我经历了多少痛苦才学习到的——无论发生什么事，都要秉持自己的本色！

保持自己的本色，你才能发现真实的自我；保持自己的本色，你才会相信自己。这样，才会在你的潜意识中播种下坚定的信心和勇气，拥有强烈的自信心，充分地相信自己，才能够直面现实，承受各种考验、挫折和失败，争取最后的胜利。

独一无二，做好你自己。不论外界如何变化，你都会在生命的交响乐中，演奏你自己的小乐曲。你的人生当然由你自己来主宰掌握，创造个性的人生。保持本色，不要让外界的浮华虚荣影响了你，那些不切实际的幻想只能带来无穷的烦恼。

在广阔的太平洋上，生活着一种王鱼。王鱼又分为有鳞的和没鳞的两种。没鳞的王鱼生活得很平静，而另一种王鱼却落得悲惨的下场。

王鱼有一种本领，只要它愿意，就能吸引一些较小的动物贴附在自己的身上。当这些小动物被吸引后，王鱼便要千方百计地把这些小动物身上的营养物质吸干，慢慢地吸收为自己身上的一种鳞片，其实那不能算是真正的鳞片，只是一种附属物。当王鱼有了这种附属物后，便会变成另一种形态，比没有鳞的王鱼至少大出几倍，看起来威风极了。

而没有吸附其他小动物的王鱼，还是老样子，看起来比较渺小，远不如吸附了外界物质的王鱼那么威风凛凛。

然而好景不长，当吸附了外界物质的王鱼进入生命的衰退期以后，由于身体功能的退化，附着在王鱼身上的附属物会慢慢脱离它的身体，使它重新回到原本的面目——那个较小的外形。

以前那个威风八面的王鱼恢复到本来面目的时候，是非常痛苦难堪的。它感觉自己无法再适应这个世界，再也找不到以前的感觉。后来，王鱼变得异常烦躁，甚至还无端地攻击别人，可惜，在攻击别人的时候，它又没有了往日的本领，反过来被别人撕咬，遍体鳞伤，最后绝望地死去了。

> 我们每个人都是世上独一无二的，你就是你自己，你无须按照他人的眼光和标准来评判甚至约束自己，你无须总是效仿他人。保持自我本色，追求自己想要的幸福，这才是最重要的。

7. 发现自己的优点，发挥自己的长处

日常生活中，不要只注意别人拥有什么，更要清楚自己拥有的而别人所没有的东西。这样你才能发现自己的优点，进而发挥自己的长处。

下面来看几个典型的故事，也许会让你感到从长处开始突破的观点是何等重要。

一天，瓦特的祖母说："瓦特，我感觉你是个非常懒的年轻人。""其他孩子都在念书，你也去吧，这样会对你有用些。我看你好长时间也没看书了。这些时间你都在做些无用的事情啊，你把茶壶盖拿走又盖上，盖上又拿走干什么？用茶盘压住蒸汽，还加上勺子，把所有的时间都浪费在玩这些东西上了，你不觉得惋惜吗？"

幸亏瓦特没有听这位老夫人的劝说，依然坚持做自己的事情，否则，世界上就可能失去一位伟大的发明家。

曾经有一位男孩愿意牺牲一切，目标只有一个：成为一名歌剧演员。他的父母为他下了很大的力气，花钱让他上课，就像现在的父母不遗余力地花钱让小孩上音乐课、舞蹈课一样。但是，经过几年的练习之后，他的老师对他已经失去了希望，对于他能否成为职业演唱家开始怀疑了。"孩子，"老师告诉他，"你的声音听起来并不悦耳，很少有人喜欢！"

但是，男孩的母亲了解自己的孩子。因为她曾经热切地参与他的演唱会，每天在房间里倾听他认真练习，对自己孩子的情况非常清楚，知道他的长处在哪里。为了不扼杀孩子的天赋，她送他到另

一位更有经验的老师那儿学习。为了支付儿子的学费，她省吃俭用。这名男孩就是后来的卡罗索，他成为了那个时代最伟大的男高音。因为他的母亲倾听他的心声，了解他的优势，所以引导他发展自己的天赋。

当初，伽利略被家人送去学医。但当他被迫学习解剖学和生理学的时候，他并没有放下自己的优势，他认真地学习着欧几里德几何学和阿基米德数学，偷偷地研究复杂的数学问题。正因为发挥了自己的优势，当他从比萨教堂的钟摆上发现钟摆原理的时候，年仅18岁。

英国著名将领兼政治家威灵顿小的时候，很多人都认为他的智力非常低。在学校里，别人都说他迟钝、呆笨又懒散，好像他什么都不行，老师和学生都说他是学校里最差的学生。后来，因为没有什么特长，他想都没想就报名入伍参了军。在父母和教师的眼里，除了刻苦和毅力是唯一可取的优点外，他一无是处。但是在46岁时，他却打败了当时威震世界的最伟大的将军拿破仑。

没有比一个人在他擅长的事业上使他受益更大的了。因为这种事业能够磨炼个人的机体，敏锐心智，纠正判断，唤醒内在的无限潜能。

从这些典型例子中我们不难发现：在选择职业时，你不要仅仅考虑怎样赚钱最多、怎样最能让人羡慕，而是应该选择最能发挥自己长处的工作，全力以赴，选择那些能使你的品格健全发展的工作，从而发挥自己无限的潜能。

蒸汽机车的发明者史蒂芬逊有8个兄弟姐妹，小时候家里非常穷，买不起房子，全家人都挤住在一个房间里。为了补贴家用，史蒂芬逊只好去给邻居放牛。但一有时间，他就用黏土、空心树枝做管子，制造蒸汽机模型。17岁时，他果真装成了一部蒸汽机，并让他父亲帮他烧火做试验。由于家境不好，史蒂芬逊没有机会读书，他就把机器当成了他的老师，而他则是机器最好的学生。当同龄人在假期游玩、逛酒吧的时候，他却在洗机器、作研究和做实验。当多年以后，他作为一个伟大的发明家和蒸汽机的改进者闻名于世的时候，当年那些游手好闲的人又都羡慕他，尊敬他了。

现实生活中，如果你发现了自己的特长，也就用不着去羡慕他人。每个人都有每个人的活法，没必要苟同。只要找到适合自己的方法，任何事情都可以做得很好。

有两个人结伴旅行，前往一个偏僻的地方去探险。他们之中有一个人会游泳，另外一个人会爬树，并且跳得很远。

这天，正当他们往前行走的时候，前面一条河横在了他们的面前，虽然河看起来不怎么宽，但是却很深，在附近也没有桥，他们该怎么过去呢？虽然，他们中间有一个人会毫不费力气地游过去，但是另外一个人不会游泳，他十分着急，便开始寻找方法过河。

在河岸的旁边恰好长着一棵大树，枝干直向河的对岸伸去，几乎快要挨着对面的河岸。那个会爬树，并且跳得很远的人有主意了，便让那个会游泳的先自己游过去，而自己却爬上那棵树，顺着伸向对岸的枝干爬去，到快要接近对面河岸的时候，尽力一跳，落到了对岸。

他们都顺利地渡过了河流，继续向前行去。

有的时候，成功就像是渡河一样，只要发现和发挥自己的特长就能够顺利地到达成功的彼岸。

每个人最应该问自己的就是：我能做什么？这是你对自己最好的质问，也是最负责任的呼喊。如果一个人一直在用他的短处而不是用他的长处来工作的话，那他就会在永久的卑微和失意中沉沦。反之，如果利用自己的长处，则会发挥无限潜能，大大提高自己的成功概率。

在世界上伟大的英雄和功臣中，有许多人出身贫寒，但他们却一如既往地与命运作斗争，发挥自己的优势和长项，积累自己的才能，最后取得了令人羡慕的成就。

生活不是试跑，也不是正式比赛前的准备活动。生活就是生活。不要让生活抹杀了自己的兴趣和优势而白白流逝。你所有的岁月最终都会过去，只有做出正确的选择并且执行下去，你才可以说已经走过了有价值的人生岁月。

尺有所短，寸有所长。每个人都有自己的长处，只要你仔细观察和发现。只有让自己的长处得到发挥，你才可以实现自己的人生价值。

8. 选择自己的幸福

每个人都可以选择自己的幸福。当你听到这一说法时，你也许觉得很奇怪，人怎能选择自己的幸福？事实确实如此，亚伯拉罕·林肯曾经说过："我一直认为：如果一个人一心想获得某种幸福，那么他就能得到这种幸福。"

现实生活中，幸福本来就是一种选择，你决定选择幸福，你就可以找到幸福的理由；快乐同样也是一种选择，如果你想选择快乐，你就一定可以找到快乐的理由。因为即使事情再糟糕，你也可以从中找到值得庆幸的地方，然后去享受它。对于一个悲观的人来说，即使现实生活再好，他也只看到了不好的一面，最后依然是郁郁寡欢。

所以，有什么样的态度决定你有什么样的人生。事情本身并没有绝对的对错之分，但有积极与消极之分，人不能因为自己的消极态度而错待自己。

幸福的人与不幸福的人之间只存在着一种很小的差异——心态的积极与消极，正是这种很小的差异往往造成了人与人之间的天壤之别。所以，那些期望获得幸福的人应具备积极的心态，这样幸福才会常在他们身边。对于那些消极的人来说，当幸福悄然降临到他们身边时，他们可能毫无觉察。

在德国南部的一个小城镇里，有一对年轻夫妇，其邻居是一对年老的夫妇，妻子几乎失明了，并且瘫痪在轮椅中，丈夫本人身体也不很好，他整天待在屋子里照料自己的妻子。

圣诞节快要到了，这对年轻夫妇决定装饰一棵圣诞树送给隔壁的两位老人。他们在超市买了一棵小树，将它装饰好，带上一些小礼物，在圣诞前夜把它送过去了。男主人感激地注视着圣诞树上闪烁的小灯，伤心地哭了。他的妻子也一再说："我们已经有许多年没有欣赏圣诞树了。"在以后的日子里，只要他们拜访这两位老人时，两位老人就会提起那棵圣诞树，对于这对年轻夫妇来讲，也许他们只是做了一件很小的事情，但他们把最大的幸福送给了他人，因而自己也从中获得了巨大的幸福。这种幸福是一种十分深厚的感情，而且也一直留在他们的记忆中。

日常生活中，你可能是幸福的，也可能是不幸福的。因为你有权选择自己的幸福。决定你选择的因素只有一点，你是以积极的心态面对生活还是以消极的心态面对生活。而这个因素至少也是你所能控制的。因此，拿出你的勇气，选择你自己的幸福生活吧，这是上帝赋予你的权利。

在现实生活中，不利条件不一定就是幸福之路的绊脚石。当你抱怨上天对你不公的时候，你是否想到了海伦·凯勒。她一生下来便是聋、哑、盲，全世界所有的不幸似乎全都降临到了她的身上，她失去了与周围人进行正常交际的能力，只有她的触觉帮助她把手伸向别人，体验爱与被爱的幸福。

小刘和小王在同一个大学读书。小刘毕业后离开了读书时所在的城市，她带着梦想去另外一个城市，几年后重新回到家乡，和城市中所有的普通人一样，结婚，生孩子。曾经的梦想早已抛在了脑后，尤其是对爱情，冰雪聪明的她一直有着一个王子公主的梦。

小王第一次见到她老公的时候，感到很惊讶，美丽的她挽着一个又矮又丑的男人，在外人看来，他们二人完全不搭配，根本就是两个世界的人。小王听完小刘讲述他们的故事以后，也默默地点点头。小刘说，有一次，我们闹别扭，丈夫最后无奈地说："都是我不好，都是因为我的相貌满足不了你的要求，配不上你。"正是这样一句话让小刘决定要跟这个男人过一辈子。沉稳、老实，重感情，有一份不错的收入，一个稳定的工作，没有恶习，除了长相平凡一点，其他的条件还不错。小刘带着明媚幸福的笑容说："日子不是过给别人看的，要那些华而不实的东西干什么呢？"

上天对每个人都是公平的，自己在这方面一无所获，又会在其他方面得到补偿。懂得珍惜和取舍的人，会更早地体味到幸福吧。幸福有时是一种满足，是丈夫的一个拥抱，是甜甜的一个吻，是孩子纯真的笑容。

幸福掌握在自己手里，要用心去感受生活的幸福。幸福是一种难以捉摸的、瞬息万变的东西。如果你去追求它，你会发现它似乎在逃避你。但如果你把幸福送给别人，于是它就会来到你的身边。

9. 人无完人，学会接纳自己

在日常生活中，有的人从生下来就对自己不满意，天天问自己：我为什么是单眼皮，不是双眼皮；我为什么是个女孩，不是男孩；我为什么生在一个平凡的家庭，没有生在富贵之家；我为什么不如别人那么优秀……这些都是自己不能接纳自己的表现。心理学研究表明，人的很多心理问题是由于不接纳自己造成的。正确地面对自我，接纳自我，是你获得成功必不可少的心理条件。

自知才能自信，才能自强，才能达到成功的彼岸。客观地认识自己，知道自己的潜能、优势，扬长避短。如果不能全面、正确地认识自己，就会产生自卑的心理。"金无足赤，人无完人。"世界上没有十全十美的东西，没有完美无缺的人，即使再好的东西，总有一些地方比不上其他东西，即使再高尚的人，也有自己的弱点。

人生并非是上帝为人类设计的陷阱，好让他谴责我们的失败。人生也不是一盘棋，如果走错一步那么步步皆错。我觉得人生比较像足球赛，即使最强的队也会在比赛中失手，即使最差的队也有扬眉吐气的一天。我们的目标是所获多于所失。

有这样一则故事：一位挑水夫有两只水桶，一只完好无缺，一只残缺有裂缝。

每天挑水时，他将这两只水桶分别吊在扁担的两头。在每趟长途挑运之后，完好无缺的桶总是能将满满一桶水从溪边送到主人家中，而那只有裂缝的桶到达主人家时，却只剩下半桶水。

两年来，挑水夫就这样每天挑一桶半的水到主人家。那只好桶为自己能够每天将满满的一桶水送到主人家中而自豪不已。而那只破桶对自己的缺陷则深感惭愧，它为自己只能送回一半的水而感到很难过。

有一天，破桶子终于忍不住了，它对挑水夫说："我很惭愧，必须向你道歉。""你为什么觉得惭愧？"挑水夫问道。"这两年中，在你挑水的一路上，水总是从我这一边漏掉，我只能送半桶水到你家，我的缺陷影响了你的工作。"破桶说。

挑水夫为破桶的自责感到很难过，但是他温和地对破桶说："在回主人家的路上，你留意一下路旁盛开的花朵吧。"

在他们回去的路上，路过一个小山坡，破桶子突然眼前一亮，它看到五彩缤纷的花朵开满路的一旁，在温暖的阳光之下开得正艳，这景象使它感到很开心。但是，当他们走到小路的尽头时，破桶又开始难受了，因为一半的水又在路上漏掉了，它又不自觉地将自己心中的歉意告诉了挑水夫。

挑水夫温和地说："你难道没有注意到在小路的两旁，只有你的那一边有花，而好桶的那一边却没有开花吗？我知道你的缺陷，所以，我善加利用，在你那边的路旁撒了花种，每次从溪边回来时，你都为我浇花，这些美丽的花朵装饰了我的餐桌。如果没有你，我的家里也没有这么好看的花朵。"

在有些时候，自己的缺点与不足却可以成就别人，也可以成就自己，只要利用恰当，就可以化弊为利。

李小龙被誉为"功夫之王"，足见其武功十分了得。但是李小龙练武却有先天缺陷。

李小龙是近视眼，所以必须戴着隐形眼镜。对此，他坦诚地说："我从小就近视，所以我从咏春拳学起，因为它最适合做贴身战斗。"除此之外，李小龙的两腿不一样长，但是他并没有为此难过，而是充分发挥两腿的特点，他用左脚练习远踢、高踢，如狂风扫叶；用右脚练习短促的阻击性踢法或隐蔽性踢法，近身发腿如发炮。同时，两腿的不一致使他摆出的格斗姿势优美别致，独具特色，成为一种武功流派的典型。

想要接纳自己，就要正视自己。"尺有所短，寸有所长"，每个人都有短处和缺陷，其中有些缺陷是无法补救的，在这种情况下，应该正视自己，坦然接受这种缺陷，并不为此羞愧，不在别人面前加以掩饰。

有人说世界上没有两片相同的叶子，你也是世界上独一无二的。有史以来，曾经有亿万人生活在这个地球上，但从来未曾有过第二个你。如果你不克隆自己，也将永远不会有第二个你。所以你有足够的理由接纳自己。如果你连自己都怀疑，还能指望谁相信你？

> 在日常生活中，每个人都有自己的缺点，如果不想让这些缺点扰乱你的生活，那就学着接受自己的缺点，包容自己的不足；如果无法克服自己的不足，就去适应自己的不足，发挥自己的不足。

10. 不要活在别人的世界里

人活在世上，每个人都是一个独立的个体，都有自己的独特之处，保持自己的本色，按照自己的想法做事，才能做真正的自己。活在别人的世界里，是很累的，是很空虚的。人们常说，人比人，气死人；货比货，没好货。所以活出自己想要的生活，就不要去过别人的生活。

日常生活中，有很多人都是活在别人的世界里，他们很少去想自己是一个什么样的生活角色，而是整天在想别人是怎么样生活的，他们总认为别人的东西永远都比自己的好，别人永远活得比自己精彩，在他们的思想里根本就分不清楚什么才是自己该做的，什么才是自己该去想的。

有这样一个寓言故事：一天，一只鸭子碰到了一只老鹰，鸭子就问老鹰，说："鹰大哥，我们长得很相似，但你们为什么这么受别人的敬仰和赞颂呢？而我们为什么一直是别人的盘中餐呢？"

老鹰看了看鸭子，说："虽然你们和我们长得很相似，但我们从小在风雨中成长，我们不怕千辛万苦，让自己能在地下行走，也能在空中飞翔。当我们看到目标以后，从来不会轻易放弃，直到抓住目标为止。正是因为这种精神不断地影响着我身边的所有兄弟姐妹，所以我们的家族才不会被战败。"

老鹰的话刚说完，鸭子就啪啪啪地鼓起掌来，边鼓掌边说："鹰大哥，你太棒啦。"这时老鹰就打断了鸭子的话，提高嗓门，严肃地说："还有一点，我们从来不会像你这样去盲目崇拜人，我们只会不断地汲取别人的教训和长处，来不断地完善自己！"说完，老鹰展翅飞向了天空。

"江山易改，本性难移"，每个人都有自己的性格与特点，一味地附和他人而不能独立自主，或者一味地活在别人的世界观里而不能保持自己的真我本色，就会逐渐迷失自己，生活将失去意义。

还有这样一个故事：有一个女孩从小就梦想着成为一名有声望的艺术家，从事与传媒有关的工作，她认为这种工作富有幻想和情趣。

当她10多岁时，父母为她和妹妹一同报了一个美术学习班。学习结束时，指导老师对这个女孩的父母说："姐姐似乎不太适合美术这一类的课程，她的天赋在这方面很有限，而妹妹就不一样了，她灵活、聪明、悟性又好，是学美术的好材料，与妹妹比起来，姐姐差得很远。"

小女孩听到老师的评价后，感到非常失望，但是，她并没有被老师的话所吓倒，也没有就此消沉不已。她又找回了信心，将老师的批评变成了动力。她拿起笔和墨水开始练习作画。

多年以后，她的作品在展览会上展出。很多人赞不绝口，但在众多称赞中她最想听到的是出自她启蒙老师之口的评价。终于，原来评价她没有天赋的老师热情地握着她的手告诉她："这是我见过的最具想象力的钢笔画。"

生活在别人的世界里，根本无法让自己去快乐，无法让自己有属于自己的一片天空。生活在别人的世界里，只会给自己不应该属于自己的压力，却永远不会让自己感觉有那种轻松的愉快。

一个人只有活在自己的世界里，才会感受到人生的精彩。如果被别人的想法所左右，自己的人生就会受到他人的操纵，从而失去了人生的色彩。

没有人比你自己更了解自己，也没有人可以支配你的大脑，决定你的人生。只有活在自己的世界里，才会清醒地明白自己是谁，要去哪里，要做什么。

11. 每个人的幸福都是不同的

现实生活中，每个人的幸福都是不一样的。每天饱餐有宿，也许就是流浪者的追求；登高望远，是那些旅行者的快乐世界，是那些野心家的幸福……

幸福总是在生活的点滴中体现，在别人给予你关心、爱护的同时，他们就给了你幸福，无数微小的幸福聚在一起就变成了真正的幸福！在一个温馨的家庭里，当你的孩子对你说：妈妈，这菜真可口，这汤真好喝。当老公说：老婆，你忙了一天，辛苦了，今晚让我洗碗吧。当你看到天气预告说气温下降，你记得要提醒老人添加衣物。在一个家庭中，时时记得把这份关怀向你的家人表达，你的内心是那么的理所当然，但是家人却感觉到无比的温暖和幸福。

除了在生活中学会关心别人以外，自己也要去寻找属于自己的幸福，挖掘属于自己的快乐。

下午放学后，杰利一个人坐在学校操场的篮球架下看书，这时一只小燕子舞动着翅膀停落在杰利面前。

杰利将注意力从书中转移到燕子的身上，只见它正认真地梳理翅膀上那美丽的羽毛，杰利羡慕地对燕子说："燕子啊，我好羡慕你那双漂亮的翅膀，它可以带你去想去的地方，可我却不能。"

听到杰利的话后，燕子停止整理羽毛的动作，抬起头看着杰利说："孩子，在天空中飞翔的生活也不见得比你幸福啊！虽然我可以飞往我想去的地方，可是我也必须有个目标，如果漫无目的地飞会令我感到厌倦。我也会羡慕你，想和你一样有个自己的家，睡在温暖的床上好好休息。可是，这样的想法毕竟不现实啊！"

杰利笑着继续对燕子说："你说的话很有道理，我也知道这只是梦想，可是我还是很羡慕你，我梦想自己插上一双强有力的翅膀，可以翱翔在蔚蓝的天空中。我不喜欢学校的规定，也不喜欢爸爸妈妈给我的规定，那些都让我感到不快乐。我不像你，可以自在地生活，没有人管着。"

燕子又理了理身上的羽毛轻声地说："孩子，大自然有它的法则。我必须了解大自然的法则，必须遵守大自然的法则，该飞的时候就飞，该休息的时候就休息。世上万物相生相克，我也有害怕的事情，也有不喜欢做的事情，也不是像你想象的那样自由啊。你看，下雨的时候，我们要在树林或草中躲避雨水，避雨时还要提防周围的危险。说不定什么时候，就会被狡猾的狐狸咬一口。所以说，我们燕子的生活也不像你想象中的那么快乐啊！不过我们可以自己给自己寻找快乐。在你的生活中难道没有能令你快乐的事情吗？"

杰利说："有啊！我最喜欢看书，每次看书都会让我觉得快乐，让我觉得自己好像跟书中的人物一起过了个愉快的下午。"

燕子说："是啊，人人都有令自己快乐的生活方式。你还是接受你那现实的生活吧，在诸多的规定中寻找可以让自己快乐的生活方式，不是也很好吗？这样的快乐才是真实的！不要再羡慕我了，其实我也很羡慕你呢！"

生活中的许多烦恼都源于盲目的攀比，而忽略了享受自己的生活。"境由心生"，只要你找准令自己快乐的生活方式，那么你就会品尝到幸福生活的甘甜。

　　小李结婚以后，辞掉了工作，做起了全职母亲。身边的人每次遇到她，都对她赞不绝口，说她很幸福，说她命好。

　　可能是这样的话听得多了，小李也感到迷惑，有时候她也在不停地问自己：我真的那么好命吗？我只不过就是过着平凡人的生活，简单朴素地过好每一天。因为没有工作，自己比别人多了许多自由支配的时间，少了同事之间的钩心斗角。这种看似普通简单的生活，在别人眼里或许就是梦寐以求的生活方式吧。

　　现实生活中，有的人觉得拥有万贯家财才是幸福；有的人只求三餐温饱，有瓦遮头。而很多时候，并不是所有的人都能够实现心中向往的这些幸福。

　　生活中苦乐全凭自己判断，虽然和客观环境有一定的关系，但并不是决定性因素。"境由心生"，只要心态好，挖掘出自己的快乐，生活自然快活舒心。

　　每个人都有属于自己的那份幸福，这不是金钱可以换来的。要得到幸福只有靠自己，相信自己，总有一天你会感受到什么是幸福。

12. 善于挖掘自己

挖掘自我在某种意义上揭示了人的心理活动。因为每个人都想实现自己的某种愿望，人的一生就是为了这个愿望而活。只有自己的价值得到了体现，才会感觉到幸福。

挖掘自我、实现自我就是使人的愿望和潜能得到最大的满足。正是这种愿望促使每个人追求成功的人生。

在挖掘自我、实现自我的过程中，愿望和潜能是相互联系的。只有愿望而没有这方面的潜能，那么你的愿望就难以实现；具有某方面的潜能而没有这方面的愿望，那么也就难以自我实现。人的愿望与潜能的相互适应、相互磨合的过程，只有在社会生活的过程中才能完成。也就是说，人在生活中才能逐渐发现实现自己的愿望需要什么样的潜能。

人的挖掘自我也就是在这种愿望与潜能的相互发现中实现的。这种发现也只有在社会实践中才能完成。也只有具备百折不挠的精神才能完成。

俗话说，不经一番寒彻骨，怎得梅花扑鼻香。在自我实现的道路上，总是充满了各种考验，受挫和失败是难免的。

很多人就是在这种考验中败下阵来，并不是说所有的失败都孕育着成功，成功只是留给能坚持到最后的人。

只要坚持到底，你就能体验到自我实现的快乐。人生的目标容易设立，而实现目标的路却很难走，只有那些认准目标义无反顾的人，那些意志坚定、决不轻言放弃的人，才能达到挖掘自我的目的。

现实生活中，每个人身上都有未被开发过的领域，就像小河觉得自己只是流动的液体，却没发现自己也可以是漂浮在空中的水蒸气。挖掘自己的潜力，你就能够有所突破。面对困难和挑战，发挥好自己的潜能，开创自己的幸福生活。

第三篇

知足常乐，生活更舒心

　　面对生活中种种欲望，要学会知足，学会克制，因为人的欲望是没有尽头的。当你满足眼前的欲望以后，你还会有更多的欲望。当你整天为实现自己的欲望而忙碌的时候，你会发现自己活得很累，知足才能常乐。

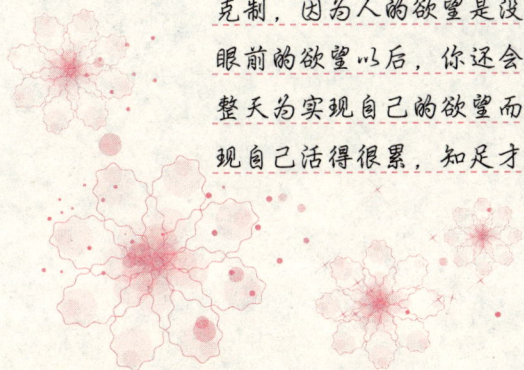

什么是幸福？不同的人会有不同的答案。

　　当你饥肠辘辘的时候，一桌丰盛的大餐就是幸福；当你饱受疾病困绕与折磨的时候，拥有一个健康的身体就是幸福；当你伤心流泪的时候，一声亲切安慰的话语就是幸福；当你长时间奔波于喧嚣的人流中，拥有一份自我的宁静就是幸福。当你吃腻了油腻的饭菜后，你会觉得偶尔的粗茶淡饭也是一种幸福……

1. 不要有**非分之想**

在日常生活中，学会满足，不要有非分之想，这不仅仅是一种生活的方式，更是一种人生的幸福。人生短短数十载，知足常乐，这也许不是积极的追求，却是积极的生活态度。生活最需要一种稳定的因素，一种保持快乐的因素，我们无需以大风大浪来冲击自己的斗志，学会怎样保持风平浪静才是真谛。

有的人每天都在忙碌，想让自己的生活更美好，但是有的时候物极必反，最后却一无所有。

在一个偏僻的山村里，住着两个老人，他们每天依靠打柴为生。一天，老头独自到山上去砍柴。当他抡起斧子正准备砍一棵小树的时候，突然飞来一只金黄色的小鸟，小鸟落在了树上。老头迟疑了一下，抡出去的斧头又收了回来。

小鸟对老头说："你为什么要砍倒这棵小树呀？"

"我以打柴为生，除了家里要烧柴以外，我还要卖。"

"你不要砍倒这棵小树。你回家去吧，明天你家里会有许多柴。"说完，金黄色的小鸟就飞走了。

老头两手空空，回到家以后，老伴问他为什么没有砍柴回来，他把事情的经过说给了老伴，老伴把他骂了一顿，说他太傻了。

第二天清晨，老头起床以后，发现院子里堆了一大堆柴，就叫老伴："快来看，快来看，我们家院子里堆了这么一大堆柴。"

老伴看了，不但没有满意，反而一脸不快，老伴说："柴是有了，可是我们却没有吃的。你去找金黄色的小鸟，让它给我们点吃的。"

老头又到山上，来到那棵小树下。这时，金黄色的小鸟飞来了，它问："你想要什么呀？"

老头回答说："我的老伴让我来对你说，我们家还需要一些吃的。"

"你回去吧，明天你们家就会有许多吃的东西。"说完，金黄色的小鸟飞走了。

老头回到家，把事情的经过告诉了老伴。

第二天，他们醒来以后，发现厨房里有许多吃的，肉、鱼、甜食、水果、糕点和想要的食物。他们饱餐了一顿后，老伴对老头说："快去找金黄色的小鸟，让它送我们一个商店，这样以后我们的日子就舒服了，你再也不用出去砍柴了。"

老头又来到了山上的那棵小树下，金黄色的小鸟飞来，问他："想要什么？"

"我的老伴让我来找你，她想要一个商店，商店里的东西要应有尽有。这样我们就可以舒舒服服地过日子了。"

"你回去吧，明天你们就会有一个商店的。"金黄色的小鸟说。

第二天，他们醒来后都惊呆了，院子里和屋子里都是好东西：绸缎、布匹、纽扣、碗筷、戒指、镜子……真是应有尽有。老伴整理了这些东西以后，开了一个商店，因为品种齐全，生意一直不错。

过了几天，老伴觉得生活很乏味。她又对老头说："你再去找那只小鸟吧，我要过上贵族的生活，让它把我变成王后，把你变成国王。"

老头来到山上，他找到了金黄色的小鸟，对它说："我的老伴让我来找你，让你把她变成王后，把我变成国王。"

金黄色的小鸟冷漠地望了一下老头，说："你回去吧，明天你就会变成国王，你的老伴会变成王后的。"说完，小鸟头也不回地飞走了。

老头回到家，把小鸟的话告诉了老伴。

第二天早上醒来，他们发现自己真的变成了王族，穿的是绫罗绸缎，吃的也是山珍海味，周围还有一大群的侍臣奴仆。

过了一个月，老伴对这样的生活又感到厌倦了，她对老头说："去，找金黄色的小鸟去，让它来宫殿，让它来侍奉我，每天早上为我唱歌。"

老头只好又来到山上找金黄色的小鸟，他等了好久，金黄色的小鸟终于飞来了。

老头说："我的老伴想让你去服侍她，她还让你每天早上去为她唱歌。"小鸟愤怒地盯着老头，它说："回去等着吧！"

老头回到家，他们等待着。

第二天起床后，他们发现自己的生活又回到了原来的贫苦状态。

欲望的沟壑是永远填不满的。在日常生活中，非分之想要不得，否则只能一无所有。故事中，老头和他的老伴就是最好的例证。

日常生活中，许多五花八门的东西在刺激着人的感观，使人产生占有它、得到它的欲望，这都很正常。但是，我们也要知道，人的欲望是无限的，能力却是有限的。所以，你未必能得到想要的东西，有些需要条件，有些需要时机，有些也许根本就不属于你。因此，面对欲望的诱惑，不要有非分之想，我们必须十分理智，清醒地作出正确的判断，不要盲目去追求自己得不到的东西。

> 面对生活中的诱惑，让自己有一个平和的心态，让自己在满足于事物的过程中得到那份快乐，即使是小小的，也是可以安乐的。

2. 比较出来的**幸福**

"我一直哭，一直哭，哭我没有鞋穿。直到有一天，我看到有人没有脚。"什么是幸福，通过比较，你就可以发现幸福。例如，当你看见一个乞丐，没有饭吃，没有水喝。再比如，看见盲道上的盲人，每每看到这些，再想想自己，你会感觉到自己是多么的幸福。如果你还有饭吃，那你就比没有饭吃的人幸福。如果你还可以睡觉，那你就比失眠的人幸福。吃得下饭，睡得着觉也是人生的幸福。这样的幸福很多人都应该有。

日常生活中，有一些幸福是比较出来的。通过比较，才发现自己习以为常的生活里蕴藏着美妙无比的幸福。

小李从师范学校毕业以后，他被安排在城镇的一所普通的中学教书。过了一段时间，小李经常抱怨自己所处的工作环境不好，工作时间太长了，福利待遇太差了。总而言之，自己感觉工作单位什么都不好，别人的工作单位样样都好。

一次偶然的机会，小李被派去培训。在培训的过程中，他结识了一个在边远山区工作的老师。

在与山区老师交谈的过程中，小李有一些诧异，他本以为在山区教书一定很轻松，而且还会享受到财政补贴。可是当他听完山区老师说的早上四五点就得起床，晚上9点才下晚自习放学，每天的交通工具是步行，考试排名样样不少……小李陷入了沉思。

和山区的老师相比，自己就如同生活在天堂。早晨7点多上班的时候，山区的那位老师已经埋头工作了两个多钟头了。每当下午放学后陪儿子在花园玩耍的时候，总会想起那位老师的孩子或许还在等待着自己的父亲放学回家。每当我坐在办公室里打发无聊的时光的时候，总会想起那位老师，想起自己所处的幸福时光。通过和山区的老师相比，小李发现自己已经很幸福了。

曾有人问一位老太太："你的幸福是什么？"老太太爽快地回答："医院没有咱的人，监狱没有咱的人，还不幸福吗？"当然，这种比较并不是为了鄙视别人，来抬高自己。而是为了发现，发现自己以前所没有发现的幸福。让自己知道自己，更了解自己。

在一个偏僻的山村，住着一位姓张的大爷。在他5岁的时候，不幸被机器卷断了一只手。他的父母很伤心，不知道怎么办才好。尽管他懂事了以后才知道自己身上的缺陷，可他却劝说夜夜偷着哭泣的爹娘，我不就是没了一只手吗？右手没了，还有左手呢！比起那些两只手都没有的人，不是强多了吗？他的话让两位老人停止了流泪。

长大后，他娶了老婆，成了家。媳妇虽然勤快、能干，可脾气不好，常常气得婆婆吃不下饭。他劝道："娘，您这个儿媳妇是有些不温柔，但她心地还算善良，您就别理会她了。"婆婆听了，也就不作声了。

随着年龄的增加，张大爷老了。他为自己做了棺材，可是他做的棺材显得很寒酸，妻子看见了，愧疚不已。

"这棺材和富贵人家的棺材相比是差远了，但是比那些买不起棺材，尸体用草席卷的人，不是强多了吗？"张大爷说。

张大爷活到82岁，无疾而终。在他临死之前，对哭泣的老伴说："有啥好哭的，我已经活到82岁，比起那些三四十岁就死了的人，我不是好多了吗？"

生活中，如果每个人都像张大爷这样想，那么我们的幸福感就会大大提升。海伦·凯勒曾说："以我的感觉，就能得到这么多的快乐，那么凭借视觉将会有多少美展现出来啊！可是，有些有眼睛的人显然看得很少。对于世界上充盈的五颜六色，千姿百态万花筒般的影像，他们认为是理所当然。也许人类就是这样，极少去珍惜我们拥有的东西，而渴望那些我们所没有的东西。在光明的世界中，视觉这一天赋竟只被作为一种便利，而不是一种丰富生活的手段，这是多么可惜啊！"

罗斯福未当美国总统前，歹徒曾经光临过他家，他的朋友们听说后纷纷给他写信，以此安慰他。罗斯福坦然面对，他回信说，即使家里被抢了，但我感觉自己还是很幸运。首先，被抢的只是财物而家人没有受到伤害。其次，被抢的财物只是一部分，而不是全部。最后，值得我庆幸的是强盗是他人而不是我自己。

这短短的几句话充分体现了罗斯福豁达的人生态度。相反，如果这件事发生在普通人的身上，他们可能会因此苦恼若干时日。

有的时候，从一个方向比是一种结论，逆向比又会得出了另一种结论。怎样有利就怎样比，怎么能够比出幸福感来就怎么比，这是一种人生的智慧。所以，幸福还是有的，我们应该多多去发现。

乐观者总是能够以更少的拥有获得更大的幸福，这本身就是生存的智慧。当你感觉自己很倒霉的时候，不妨和身边的人比比看，或许你就会感觉到自己很幸福。

3. 用平常心对待发生的一切

现实生活中，到处充满竞争，处处有坎坷，这种不顺利的生活所带来的痛苦是无穷无尽的，因此，我们要学会用一颗平常心去面对生活中的不幸。所谓平常心，不过是我们在日常生活中处理周围事情的一种平和心态。

你知道吗？生活中的满足感是比较出来的，有的人与身边的人比较。假如说你1年挣了6万元，而当你听说你的朋友挣了10万元，你就有些不快了，甚至会反思。有的人与自己的过去相比，如去年年薪只有2万元，而今年却是4万元，想到这里，你自然就会开心。每个人的能力和性格不同，现实中总是有差距的，过多地比较，只能造成不必要的麻烦。所以，想要获得幸福，就要调整心态，用一颗平常心去对待一切。

有平常心的人，不会计较得失。收获是一种满足，给予是一种快乐。得与失只是暂时的，会随着自己的努力程度而改变。如果用别人的优点来比自己的不足，你就失去了快乐。快乐不在于得到，而在于追求的过程。

炎热的夏日已来临，但是庙里的草地上依旧是枯黄一片。

为了给枯黄的草地增添一些生机，小和尚跑到老和尚的禅房说："师父，咱们在草地上撒点草籽儿吧！那片枯黄的草地实在太难看了。"师父赞许地看着小和尚说："可以，等天气凉快一点儿吧！"

转眼间中秋到了，小和尚跑到老和尚的禅房去要草籽。小和尚接过老和尚手里的草籽快乐地跑了出去。当小和尚打开草籽袋子时，一阵秋风吹过，草籽儿被风吹落了一地，随着风飘到了很远的地方。小和尚急得喊了起来："师父，不好了！许多草籽儿都被风给吹走了！"

看着小和尚着急的模样，老和尚不动声色地说："没关系，留下来的是最好的，被风吹走的大多数是空的，种下去也不会发芽，随它去吧！"

小和尚听完师父的教导，又开心地跑了出去，准备把剩下的种子播种下去。可谁知，刚刚种下的种子又引来了一大群麻雀。小和尚急得直跺脚，跑着去告诉师父："师父，不好了，不好了，刚刚种下的草籽儿又遭遇到麻雀的袭击，让它们给吃了，这下可完了。"师父和颜悦色地说："不用担心，麻雀吃去的只是一小部分，那么多的种子，麻雀是吃不完的，顺其自然吧！"

播种那天夜里，忽然下了一阵暴雨。小和尚早早地起来去看他昨天种下的草籽，看后马上返回去找老和尚，说："师父，这下可完了，草籽儿都让雨水给冲走了！"

老和尚温和地说："没关系，冲到哪儿就让它在哪儿发芽生根，一切都让它顺其自然吧！"

半个月后，小和尚惊奇地发现，原来那片枯黄的草地上居然长出了一片青翠可人的绿色小苗，而且以前没有撒种的地方也有绿意泛出。

小和尚高兴得合不拢嘴，他想尽快地将这个好消息告诉师父。于是三步并做两步地跑到了师父的房间，对师父说："师父，太好了，咱们种下的草籽发芽了，而且没有播种的地方也有小草长出来。"师父眯起笑眼，慢慢地点着头说："顺其自然，顺其自然。"

别把生活限定在某一个特定的时间、空间、标准上，坚持随遇而安、顺其自然，在平凡中感悟幸福的真正含义。摒除生活中令自己不快的事，这样我们就可以收获幸福和喜悦。

　　在日常生活中，很多人每天奔忙于学习和工作，被身上的担子压得喘不过气，他们来往于每一个驿站，却错过了最美的沿途景观。他们大多数都有雄心壮志，想干出一番大事业。这固然是一件好事，但他们在工作和生活中失去了一颗平常心。与此同时，这些人会经常感觉到不平衡，也多了一分猜忌。因此，没有平常心的人很难体会到生活中的乐趣和幸福。我们需要珍惜自己的人生，需要热爱自己的生命，要在生活中保持一颗平常心。这样，即使你处在困难和悲伤之中，也不会忘记生活的意义，也能找到属于自己的快乐。

> 做好每天要做的事情，享受生活，享受做好每一件事情所带来的快乐，你就会有足够的力量承担一旦到来的挫折和痛苦。凡事要以一颗平常心去对待，是你的终归是你的，不是你的也不要去强求，一切都顺其自然、随遇而安，才能在平静的生活中感悟幸福的真谛。

4. 幸福的秘诀

> 在日常生活中，一个人如果一直拥有某个东西，可能不会特别珍惜。但是一旦失去，便会觉得心慌意乱，因此，失而复得的喜悦便成为一种幸福。

　　小李的亲身经历告诉我们，那天晚上他就是一个幸福的人。

　　一天晚上，小李和朋友到火锅店去吃火锅，走的时候由于匆忙把手机忘了，这时已过了一个小时。抱着试试看的想法，他用朋友的手机拨打自己的手机，没人接听；第二次拨通，手机那边居然传来老爸熟悉的声音。询问之下才知道是服务员收拾餐桌时捡到的，在找不到小李的情况下，通过手机通讯录和小李的父亲联系的。

在这一刻，小李感觉到自己是幸福的。无论是一件物品还是一份感情，无论他在你的生命中是否重要，都该倍加呵护。

从前，有个财主，腰缠万贯，但是自己总是感觉不到幸福。于是这个财主对一个哲人说："你很聪明，你能告诉我在哪儿可以买到最大的幸福吗？"

"你为什么要买这个呢？"哲人问道。

财主说："因为我很有钱，可是我没有幸福感，这一生从未经历过最大的幸福，如果有人能让我体验一次，即使只是一刹那，我愿把全部的财产送给他。"

哲人说："我这里就有幸福的秘方，但是价格很昂贵，你准备了多少钱，可以让我看看吗？"

财主把装满宝石的锦囊拿给哲人，没有想到哲人看也不看，一把抓住锦囊，眨眼间就跑掉了。

财主大吃一惊，过了好一会儿才回过神来，大喊："抢劫啦！来人呀！"可是无人理会他，他只好没命地追赶哲人。

财主跑了很远的路，跑得满头大汗，也没发现哲人的踪影，他绝望地跪倒在山崖边的灌木旁痛哭，没有想到费尽千辛万苦，花了几年的时间，不但没有买到幸福的秘方，大部分的钱财又被抢走了。

财主哭到声嘶力竭，站起身来要走的时候，突然发现被抢走的锦囊就在不远处的灌木丛中。他走过去，拿起锦囊，发现宝石都还在，一瞬间，一股难以言喻的极大的幸福充满他的全身。

正当他陶醉在最大的幸福中的时候，躲在不远处的哲人走了出来，问他："你刚才说，如果有人能让你体验一次最大的幸福，即使只是一刹那，你愿意送他所有的财产，是真的吗？"

财主说："是真的！"

"刚刚你拿回锦囊时，是不是体验了最大的幸福了呢？"哲人又问。

"是呀！我刚刚体验了最大的快乐。"

拥有财富却不快乐，一旦失去之后再获得时才真正地体会到巨大的快乐。

天使遇到一位年轻、英俊、有才华且富有的诗人，而且他的妻子美丽温柔，可这位诗人仍然向天使恳求说，我什么都不缺，唯独缺少幸福，请你帮帮我吧。天使虽然为难，但最后还是带走了诗人的才华、容貌、财富、家产以及他的妻子。

一个月后，天使找到了已经衣衫褴褛、饥寒交迫的诗人，并把曾经属于他的一切又都还给了他。过了一个星期，天使再次去看望诗人的时候，这次，诗人流着眼泪不停地向天使道谢，他说他终于明白并得到了真正的幸福……

并不是每个人都有机会感受到失而复得的幸福，与其说这种幸福来自于老天的眷顾，倒不如说这是一种心灵缺失后的深刻修补。那些失去之前我们从未顾及，甚至只当是身体一部分的内容，就是在你我的视而不见中孤独远走的。既然失而复得，就请坚守这份幸福吧。

> 最大的幸福莫过于失而复得。人要知足，要善于感觉自己拥有的幸福。许多人身在福中不知福，一味地自寻烦恼，直到吃尽了苦头，方才体味到原来自己是多么的幸福。这就是幸福的秘诀。

5. 幸福就在今天

现实生活充满了酸甜苦辣，每个人都有自己的苦衷，不同的环境让我们各自演绎着不平凡的人生，最终每个人能把握住的好像也只有今天的幸福。假如在今天，我们只能获得仅仅1%的幸福，也不要奢望从明天获得99%的幸福。因为幸福是点滴积累的过程，不珍惜今天1%的幸福，就不会有明天99%的幸福。

在广袤的沙漠中，有一种专门吃草根的沙鼠。在旱季到来之时，这种沙鼠都要不停地忙碌，囤积大量的草根，为旱季做准备。因此，在旱季到来之前，沙鼠都会在自己的洞口前进进出出，从早忙到晚，辛苦的程度让人惊叹。

辛苦忙碌也换来了成就，沙鼠很快就囤积了大约七八公斤的草根，这七八公斤的草根几乎堵满了洞穴。然而沙鼠根本用不着这样劳累，一只沙鼠在旱季平均只能吃掉两公斤草根，而它非要运回七八公斤才能踏实。这样，大部分草根都吃不完，最后只能都烂掉了。因此，旱季过后，沙鼠还要将腐烂的草根再清理出洞穴。

在现实生活里，很多人也常为所谓的"明天"、"后天"而深感不安，为那些还没有到来的烦心事而焦急地忙碌着，然而这些人的忙碌很多都是徒劳的，因为大部分烦心事都不会到来。其实，就如一位文人所说：幸福不在明天，也不在昨天，它不怀念过去，也不向往未来，它只在现在。我们现在都是有吃有穿，也没有任何事情威胁我们的安全。但很多人总觉得不踏实、不安全，想要为将来囤积更多，他们总在为将来的所需和将来会如何而发愁。

珍惜今天的幸福，才是真正的幸福，无限地憧憬明天，幸福只会与你绝缘。很多人在一门心思准备迎接将来某一天到来的时候，往往会忘记、忽视眼前的一切。现实生活告诉我们，未来只是未来，永远无法代替现在。对未来的担忧只是我们的想象，谁也不知道未来真正会发生什么。

只有抓住今天的幸福，才能憧憬明天的幸福。一味地埋怨今天的生活，到了明天，就算物质富裕了，我们还是会有抱怨生活的理由。只要你细心观察，你就会发现一个很有意思的现象，很多人在年轻的时候，经常说"等到……的时候"，对未来抱着无限的幻想；到了老年，就会说"过去……的时候"，对过去无限怀念。然而无论是未来将怎么样，或者过去曾经怎么样，结果都是一样。不珍惜今天，只会错失属于今天的幸福，只会把每一个经历着的现在变成留有遗憾的昨天。

小张大学毕业以后，进了一家外企，后来经过自己的努力，升任部门经理，月收入也算是中等偏上吧。随着收入的提高，他很快就买了房，买了车。在别人看来，他的生活算是不错了。但是，却常常听到他在抱怨自己不够富有，觉得自己的职务低、被埋没了、收入少、和同学们相比混得太差、房子不够大，等等，总之，对现在所有的都不满足，因此，常常不开心。后来，一次偶然的机会，他认识的一个朋友给他介绍了一笔生意，说能够让他大赚一笔。但是，他没想到这是一个骗局，他陷入一笔毒品走私案，不但丢了工作，房子也被卖了作为罚金，并且还要面临着漫长的牢狱之灾。

很多人总是在渺茫的期盼中寻找关于未来的幸福，对现在的生活总是不满足。其实，这是错误的想法。人生只有一次，假如今天的幸福呈现在眼前，我们不去好好面对它，那就将错过它。

踏踏实实地过好每一刻，比不切实际的计划和妄想更适用于我们的生活。享受我们今天简洁舒适的衣服，不要妄想明年不可期的锦华狐裘。享有我们今天所有的安乐、幸福，不要梦想着未来不可期的富贵生活。因为，世界时刻充满着变化，我们不可能拥有和想象中一样的未来。过去是记忆，未来是想象，真正的、真实的快乐是现在。不必让未来很幸福，让今天很幸福就足够。珍惜今天的幸福是最愉快、最安稳、最科学的生活方式。

《圣经》中有这样一个小故事，一队在外出征的士兵，军粮短缺。然而上天救了他们，天上降下大饼，许多人即使饥肠辘辘也舍不得当日吃完，在口袋中放了一夜的大饼，到了第二天，全部霉坏而不能吃了。

幸福就如大饼，应当当日、当时享有，才不会变味。

活着是为了珍惜今天的幸福，我为了今天的幸福而活着！希望我们都能开开心心、快快乐乐地面对今天生活中所发生的一切，明天又是新的一天。

6. 身在福中要知福

什么是幸福？不同的人有不同的答案。生病时，一杯水是幸福；饥饿时，一碗饭是幸福；天冷时，一件大衣是幸福；疲劳时，小憩一刻是幸福。有的时候，幸福披着神秘面纱，善于变化，可近亦可远，若即若离，时隐时现。

在现实生活中，当你想到比自己更苦的人时，还有什么不幸福的呢？比上不足，比下有余。每个人都是这样的境况，没有绝对的苦人，也没有绝对的幸福者，幸福快乐，全在于自己怎样去想。

有这么一则寓言：老鹰说，假如让我再活一次，我要做一只鸡，渴了有水喝，饿了有米吃，住在温暖的巢穴里，还受到主人的保护。鸡说，假如让我再活一次，我要做一只雄鹰，可以在天空翱翔，一切风情尽收眼底，还可以任意捕兔杀鸡。猪说，假如让我再活一次，我要做一头牛，工作虽然累点，但有个好名声，还受人尊敬。最后一个轮到牛了，牛说，假如让我再活一次，我宁愿做一头猪，有吃有喝，不用出力，活得多自在。

寓言虽然很简短，但是寓意很深刻，这些动物看不到自己的幸福所在，偏偏羡慕他人的幸福，可谓是身在福中不知福。动物如此，人类也同样不知足。

在日常生活中，这样的现象也很常见。这些人的生活本来很幸福，却还是在羡慕别人的幸福生活。有的不安分于本职，在一个工作岗位上干了一段时间，又想调换其他工作岗位，常常觉得自己怀才不遇。如果这些人能想到自己在别人的眼中也是一道风景的时候，也就会心满意足一些。

在一个偏僻的小山村，有一个17岁的女学生。按照常理，她应该坐在高中课堂里，可是她却和一群比她小好几岁的孩子听老师讲课，她叫小兰，家里十分贫困，一年到头就靠种田来维持生活。

在小兰6岁的时候，她就和别的孩子一样，高兴地背着书包上学了。然而，这样的幸福很快就化为泡影。不久，一对双胞胎弟妹来到了这个世界，这时，小兰的一年级还没有读完。弟妹的到来将小兰立志读书改变命运的梦想彻底粉碎了。

为了照顾弟妹，她依依不舍地离开了校园。好不容易等到了弟妹上学的年龄，小兰满心欢喜，以为可以和弟妹一起上学了。但是爸妈却反对，因为家里已经穷得揭不开锅了。小兰又担当起了接送弟妹上学的重任。

但是，这没有阻止小兰读书的渴望，后来她就偷偷站在教室后面的窗外听老师讲课。为了交学费，小兰不得不独自扛起锄头去挖草药，但换草药的钱经常被淘气的弟妹偷去买了零食。后来，在学校老师的资助下，小兰终于再次背起了书包。平时在田里干农活，小兰很卖力，生怕爸妈认为她偷懒，一气之下不允许她读书。尽管很大一部分时间都花在干活上，但小兰的成绩排名一直靠前。她常常暗暗告诫自己，生活再怎么艰苦，我都不能退缩，我一定要坚持把学业学完。

读完小兰的遭遇，再看看自己，谁更幸福？每个勤奋而努力的人都能收获成功的喜悦。羡慕就像是人生道路上的一个十字路口，只有向前走才能通向成功。适度的羡慕能够提升你的人生品质，盲目的羡慕只能让你陷入无限的消极之中。

羡慕别人所得到的，不如珍惜自己拥有的。只有用心把细节做好，从点滴做起，倾注满腔热情，才能做好自己的本职工作。不久以后，当你蓦然回首时，你会惊奇地发现，原来自己也有属于自己的幸福。

一个积极而自信的人，能享受到多彩生活；羡慕别人没有错，但不要轻视自己、迷失自我，身在福中就应知福。

> 现实生活中，每个人都是幸福的，只要你善于发现。只有珍惜现在的幸福，你才会生活得更幸福。身在福中要知福。

7. 对自己满意就是幸福

我们每天都在追求幸福，但又有几个人真正感觉到幸福呢？罗曼·罗兰曾说过："所谓幸福，是在于认清一个人的限度并且安于这个限度。"幸福是我们对自己及周围环境或人生目的感到满足、和谐的一种状态。幸福是主观的，因为快乐，所以快乐，因而，幸福无处不在。

在现实生活中，幸福并没有远离我们，而是我们的追求太高，并不是所有的工作都烦闷无聊，而是我们没有把它当作一种有趣的事来做。并不是家庭生活枯燥无味，而是我们自己缺少包容和平静的心。

人生就像是一次旅行，旅途中充满了诱惑和陷阱，我们应时刻保持一颗平静的心来对待周围所发生的事，不计较得失。同样是旅行，为何要不断用各种贪婪的枷锁给自己加上重负呢？人要快乐就要知道满足，满足才会懂得幸福的真谛。

吃过午饭后，杰克在回办公室的路上遇到一个在街头行乞的盲人，他并不像其他乞丐一样装作一副可怜兮兮的模样博得他人的同情，而是直立地站在那里高声歌唱。

杰克停下脚步在他手中放了几个零钱。盲人用沙哑的声音说："多谢！祝你身体健康。"然后继续放声歌唱。

杰克想："他有什么理由唱歌呢，我比他更有资格唱歌，可是我却没有。这是什么原因呢？"杰克静静地站在盲人乞讨不远处的一个长椅旁。他那粗犷的歌声，显然与喧哗的商业区格格不入，就好像麻雀飞进了嘈杂的工厂，或迷失方向的小鹿在公路上徘徊。

在他身旁路过的行人一部分抱着好奇的心"欣赏"着他那"美妙"的歌喉；一部分人觉得很不自在，低头绕道而行。幸好，他是个盲人，看不到别人各种各样的表情。

过了一会儿，杰克再次走到他面前，问道："吃午饭了吗？"他停止歌唱，将脸转向杰克说话的方向说："还没有。"

于是，杰克为他买了一份午餐。盲人一边吃，一边向杰克介绍了自己。他26岁，单身，跟哥哥、弟弟、父母亲住在一起。

杰克默默地看着盲人津津有味地吃着东西，心想：我们虽然年龄相仿，但生活的环境却有着天壤之别啊！我吃的是美味可口的饭菜，而他却有可能饿肚子；我身着名牌，而他的鞋子却有个很大的洞；我进门有温柔贤惠的妻子照料，而他却没有。他是一个十足贫穷的流浪者，可是他却幸福地歌唱着，而且是那样勇敢地唱着。

杰克看到盲人满足的表情，他突然意识到，盲人是因为满足而歌唱。在这位失去光明的乞丐心中始终燃烧着一根名叫满足的蜡烛，为他谱写幸福的人生之歌提供了光明。杰克暗暗地想：其实自己比他更幸福，何故找不到自己那首幸福的生活之歌呢？难道它不存在吗？不，是因为自己没有发现生活的美好。想到这里：他豁然开朗，被工作、生活压抑已久的苦闷消失得无影无踪，取而代之的是快乐的心情，他决定高声地唱出存在于自己心中的那首幸福的生活之歌。

生活中处处都飘着幸福的歌声，哪怕只是一杯冰茶、一碗热汤，或是一轮美丽的落日都能够给你带来幸福的感受。只要你是个有心人，自然可以从生活的点滴中品味到快乐的滋味。

李娟在高中的一次体育课上颈部受伤，头总是歪着，无论从远处看还是近处看，总是觉得很别扭，就像一只凝视谷粒的麻雀。私下里，很多同学都嘲笑她。

多年以后，在一次同学聚会上，当同学们看见李娟拉小提琴的姿势时，有如玉树临风的姿容，有一种震撼心灵的美丽。后来同学们听她说，正因为颈部受过伤，练琴时也就没有其他人的不适感，她感觉这样的姿势正好适合自己。所以，她练琴的时间比别人更长，也比别人更用心。久而久之，她成了一名小提琴手。说到这里，她高兴地说："能找到适合你的姿势生活，而且自己很满足，这样的生活，就是幸福！"

所以，幸福就这么简单。对自己满意就是幸福。每个人都有渴望，都有希冀，都有期盼，但是也要在寻求的过程中告诫自己学会满足。如果一个人的欲望不断膨胀，那么"幸福"二字将离你越来越远。反之，只要有少许的获得就以一颗满足之心去面对，那么就会感到幸福。

所以，要想幸福，首先学会满足。人心满足就是莫大的幸福。

对自己满意不是消极的人生态度，而是一种生活境界。人的欲望是没有止境的，适当地满足可以克制自己的欲望，学会对自己满意，你就找到了幸福。

8. 不要活得太累

在日常生活中，每个人都会面临着工作、学习和生活上的各种压力，这一切的一切都需要你去妥善地处理。要想做到面面俱到，或者是恰到好处，其实真的好难。哪一样处理不好，都会给自己带来烦恼和不快。

如果你工作业绩突出，事业小有成就，有人会忌妒你。反过来说，你没有成就或者是过得不好也会有人笑话你。穷也有人说，富也有人说，总之，不管别人怎么说，都不要在乎。只要自己过得开心，活得自在，你的生活就会很精彩。

经常会听到有人说："生活真是太累了！"其实，生活本身并不累，它只是按照自然规律、按照它本身的规律在运转。说生活太累的人只是因为他本人感觉太累。

生活的涵盖量可以说是包罗万象，丰富多彩。生活在这个世界上，你要为衣、食、住、行去奔忙，要去应付各种各样的难以预料的事，要去与各种各样的人打交道。谁也不能保证自己所接触的事都是好事，你所遇到的人都是善良的人。因此，生活中必然会有这样或那样的不足，有喜就会有悲，有幸运之神也会有不幸的降临。有君子就有小人，有高尚的就有卑鄙的。任何事物都是相对而生的，有阴就有阳。否则，生活就不能称之为生活了。只有各种各样的事、各种各样的人生活在一起，互相交流、互相作用，才能构成色彩斑斓的生活，也只有这样的生活才是有滋味的，才是丰富多彩的。

1961年7月，美国作家海明威在爱达荷州凯查姆他的居所里开枪自杀，没想到这一句晚间的问候，竟成了海明威对每一个人说的最后一句话。

这一天是星期天，海明威很早就起床了，他的妻子玛丽还在睡觉。海明威找到储藏室的钥匙，拿出那支镶嵌着银饰物的散弹枪，就在他装子弹的时候，电话响了，他拿起电话，说了一句莫名其妙的话："我是海明威先生，我们都欠上帝一死，今年死的明年就不必等死了。"说完就挂了电话。

装好子弹以后，他走到前厅门口，把枪口放在嘴里，同时扣动了扳机。闻声而来的家人看到眼前的一幕以后，悲痛不已，同时也疑惑不解。因为海明威最近几天的精神状态一直很好，昨天他还和家人一起在当地一家风味餐馆里快乐地吃饭，晚上在家里还高兴地和大家一起唱意大利民歌，熄灯之前他还和每一个人亲切地低语："晚安，我的小猫。"没想到这一句晚间的问候，竟成了他的临终遗言。

到目前为止，世人对于海明威的自杀还有各种猜测。最常见的一种说法是，他在获得诺贝尔文学奖之后就已江郎才尽，他明白自己再也无法超越自己，心高气傲的他在创作的绝望中只好开枪自杀。

生活中，你不可避免地要面对着各种各样不合自己心意的事，与各种各样与自己性格相左的人共处，你是坦然、磊落、轻松地对待，还是谨小慎微，经常抱怨或者发脾气呢？但无论怎么样，有一点是要做到的，那就是不要让自己长期生活在紧张、压抑之中，不要让自己的琴弦绷得太紧。换句话说，就是生活得不要太累了。必要的时候，放松一下自己，轻松地去生活，去面对人生。

生活是公平的，对谁都是一样，没有绝对的幸运儿，更没有绝对的倒霉鬼。你感觉自己不幸，别人同样有烦心的事；别人有好机会，你也会遇到好运气。正因为这样，千万别认为自己是最不幸的，更不要让自己困在自己织的网中，挣扎不出来。

感觉生活太累的人一般都是一些胆小怕事者。每说一句话都要考虑别人会怎么看待自己，是否因为这一句话而伤害到其他人；每做一件事都要前思后想，深恐自己的行为举动给自己带来坏的影响。他们在工作中，对领导、同事小心翼翼；生活中对朋友、邻居谨小慎微。其实，在你周围的人，每个人的脾气都不一样，无论你怎样谨慎，你都不可能做到使每个人都满意。即使你样样谨慎从事，对你有成见的人还是大有人在的。所以，只要你不违背常情，不失去自己的良心，那么挺起胸膛来做人做事，效果恐怕比谨慎会更好。

感觉活得太累的人往往不能很好地调整自己，一旦遇到不幸的事发生，不能辩证、乐观地去看待。而是消极、悲观地去看待生活，似乎世界末日就要来临了。

如果长此以往，一直心情沉重、感情压抑，那将是非常可怕可悲的事。处处都要考虑得失，时时都要注意不必要的小节，那么你去干大事的时间将化为乌有。因为你连很小的一件事都要左思右虑，宝贵的时间就在你的犹豫中悄悄地流逝了。也许，当你即将老去、再回首往事的时候，你就会发现自己是那么渺小，两手空空，一事无成。到那时，你再后悔已经没有任何意义了。

感觉到生活太累的人，是无法看到生活中光明的一面的，更体会不到生活中的乐趣。因为他的时间全部放在了周围狭小的一点空间，而无暇顾及其他的事情。更为严重的是，他的生活是非常被动的，他不愿主动去做什么，总是患得患失。这样的生活永远都不会是幸福的，更没有快乐可言，他永远都背着沉重的生活包袱。

既然活得累是件很痛苦的事，既然生命对我们来说又是那么宝贵、那么短暂，为什么不换一种活法，活得轻松一点，努力去感受生活中的阳光和快乐呢？即使工作任务很重，人际关系复杂，也要抽出一点时间来放松一下自己，这对你的工作会更有益处，你也会因此发现新的天地。

> 生活中到处都充满了压力和烦恼，如果你想要让自己过得更幸福一些，那么就要学会巧妙地避开压力，让自己活得更轻松一些。与其每天疲惫不堪，不如轻轻松松地享受生活。

9. 平衡心中的天平

在日常生活中，厄运来临的时候，豁达的人都有一颗平衡的心，不会因为前面的路被堵死，而无计可施。因为他们深信自己的力量能战胜一切不幸，前面的路堵死，他会积蓄全部的力量，努力寻找另外一条路。

有一位在银行工作的人，一心想要个高一点的学历，他已经把大部分参考书翻来覆去地看了许多遍。可以说，他非常自信能够考上研究生，但连续几年，他都榜上无名。

因为他对古币颇有研究，所以在闲余时间，就有很多朋友总会拿来一些古币请他鉴别，他都会耐心地回答每一个问题。正是由于请教的人实在太多了，他萌发了一种想法，要是自己能够编写一本《中国历代钱币鉴别手册》不就可以解决这些问题了吗？一方面可以将自己现有的关于钱币的知识系统化；另一方面可以给喜欢收集、鉴别钱币的朋友提供方便。

于是，他利用业余时间，聚集全部精力来撰写这本鉴别古币的书籍。几个月之后，他终于完成了这本书的编写。一家出版社看中了这本书，首次印了3万册。不到4个月的时间，书就被销售一空。

肯德基炸鸡的创始人卡耐尔·桑达斯，也有过一段"雨后见彩虹"的故事。

卡耐尔·桑达斯自己经营了一家汽车加油站，但好景不长，受经济危机的影响，加油站倒闭了。经济危机过后，他又重新开了一家带有餐馆的汽车加油站。但是，一场无情的大火把他的餐馆烧了。他并没有因此而停下自己的脚步，依然振奋起来，建立了一个比以前规模更大的餐馆，生意红火一时，但是好运总是和他背道而驰。他的餐馆不得不再次关门，因为附近另外一条新的交通要道建成通车，餐馆前的那条道路因而变得背街背巷了，顾客也因此而剧减。

经过了这么多的事情，卡耐尔毅然放弃开餐馆的想法，他决定把他保留的极为珍贵的专利——制作炸鸡的秘方卖掉。他传授给各家餐馆制作炸鸡的秘诀——调味酱。每售出一份炸鸡，他将获得5美分的回报。

5年之后，出售这种炸鸡的餐馆遍布美国及加拿大，共计400家。当时，卡耐尔已经70多岁了。到了1992年，肯德基炸鸡连锁店共计扩展到9000家。

因此，我们可以说每个人都不可避免地在人生道路上艰难地行走着，没有走到生命的尽头，我们谁也无法判断自己到底是成功了还是失败了，所以我们在生命的任何阶段都不能泄气，都要充满希望。

要知道我们所做的任何事情都是多面的，有时候我们看到的也只是其中的一个侧面。这个侧面让人痛苦，但痛苦却往往可以转化。

有一个成语叫作"蚌病成珠"，意思是说蚌在伤口复合时，伤处就会出现一颗晶莹的珍珠。其实，我们的生活也是这样，和"蚌病成珠"如此地贴切，珍珠就在我们的痛苦中渐渐成长的。

当上帝关上一扇门的时候，必然也会给你打开另一扇窗。成功的道路不止一条，追求幸福生活的方式也很多，当你拥有属于自己的幸福的时候，应该把心态放平衡，盲目追求不属于自己的幸福只会让自己身心疲惫。

10. 克服**欲望**，提升**幸福感**

人生的一切欲望，归纳起来大约是两种：精神欲望和物质欲望，为了满足这两种欲望，相应地就产生了两大追求：精神追求和物质追求。

庸人、小人常会把物质欲望当作人生的全部，所以没有多少精神追求。君子、贤人精神的欲望特别强烈，但是也不能没有物质欲望，所以他们得承受着两种欲望，他们比庸人、小人多承受一份人生痛苦，只是他们最终能以精神欲望居于主导地位，达到一种具有伟大包涵力的心理和谐，这种有伟大包含力的心理和谐，就是"安贫乐道"。

"雄文祖韩子，俭德师陶公"中的陶潜就有过不为五斗米折腰的故事，这是一种"安贫乐道"的体现。

陶潜字渊明，年轻时就有高尚的志趣，他性情恬静不爱说话，不贪图荣华富贵。爱好读书，对字句有很深的研究，每当有心得体会，就会高兴得忘记吃饭。陶渊明喜好喝酒，可是家境贫寒经常没有酒钱，亲戚朋友知道他的情形，有时准备了酒给他，他去后总是尽情地喝，希望高高兴兴地喝醉，醉了就退席，一点儿也不在意礼节。家中空有四壁，不能遮风蔽雨，身上粗布短衣，破烂不堪，家中经常缺吃少喝，他却安然自得，常写些文章自寻乐趣，以展示自己的志向，从不把得失放在心上。

陶渊明第一次入仕，当了江州的祭酒，可是他受不了官场的束缚，没几天，就自动离职回家了，州里招募他做主簿，他也不去。他只是亲自耕种供给自家生活。

第二次，他做了彭泽县令，他吩咐属下在官府的田里全都种上秫稻，可是妻子却坚持种粳稻，于是他就一半种秫稻，一半种粳稻。郡守派督邮到彭泽县来，县中小吏告诉他应当整冠束带，衣帽整齐地去拜见。陶渊明长叹一声说："我不能为五斗米的薪俸弯腰拜迎乡里小人。"当即他解下印绶离职而去。

贪财贪名是争名夺利的根源，陶渊明淡泊名利、法度自然的心性，不为五斗米折腰的气度早已传为佳话，虽有人生的无奈和悲哀，但"采菊东篱下，悠然见南山"的生活情趣却是自然惬意。

《渔夫和金鱼的故事》我们在小学课本里就学过，那个渔夫的老婆是个贪得无厌、得陇望蜀的家伙，她得到金鱼给她的名利后，扔不满足，结果，金鱼在愤怒和厌恶之余，收回了一切，渔夫的老婆只能生活在往日的贫困之中。

还有一个农夫和神仙的故事与此类似。一天农夫偶遇神仙，神仙为其劳苦和忠厚所感，点出一眼井，井里冒出的是酒，永不枯竭，农夫卖酒发财，后来却埋怨没有酒糟喂猪。由于他的贪心，神仙就把他的一切收了回来，农夫又过上了清贫的生活。

其实，你应该知道一个道理，假如现在你有百万资产，可是还有家资千万的人；你现在有千万资产，可还有家资雄厚而又身为高官的。所以，我们还是应该安于本分，安于拥有，那便是知足常乐，乐天知命了。

《一千零一夜》中阿里巴巴的哥哥西木进了四十大盗的藏宝洞，欣喜若狂，忘了回家，致使强盗回来，丢失了性命。

　　其实，在古人眼里，"富贵"两字，是人人都可以做到的"不取于人谓之富，不屈于人谓之贵"，白衣草鞋，自有一股飘逸清雅的仙气，粗茶淡饭，自有一份闲适自在的意趣。

　　"富贵"对于一个贪得无厌的人，就是给他金银还会怨恨没有得到珠宝，吃着碗里的还要看着锅里的，这种人虽然身居豪富权贵之位却等于自愿沦为乞丐；一个自知满足的人，即使吃粗食野菜也比吃山珍海味还要香甜，这种人虽然身为平民，实际上比王公更快乐。

　　英国著名作家狄更斯说："穷人对家庭的依恋是有一个更高尚的根，深深地扎在一块纯洁的土地里面。他的财神由血和肉造成，没有掺杂上金银或者宝石；他没有什么财产，只有藏在内心的感情……"

　　有这样一个故事：

　　有一个有钱人，每天早上经过一个豆腐坊时，都能听到屋里传出愉快的歌声。这天，他忍不住走入豆腐坊，看到这对小夫妻正在辛勤劳作。富人大发恻隐之心说："你们这样辛苦，只能唱歌消闷，我愿意帮助你们，让你们过上真正快乐的生活。"说完，放下了一大笔钱走了，这天夜里，富人躺在床上想："这对小夫妇再也不用辛辛苦苦做豆腐了，他们的歌声会更响亮的。"

　　第二天一早，富人又经过豆腐坊，却没有听到小夫妻俩的歌声。他想：他们可能激动得一夜没睡好，今天要睡懒觉了。但第二天、第三天，还是没有歌声。富人好奇怪。就在这时，那做豆腐的男人出来了，拿着那些钱，见了富人，便急忙说道："先生，我正要去找你，还你的钱。"富人问："为什么？"年轻的豆腐师傅说："在没有这些钱时，我们每天做豆腐卖，虽然辛苦，但心里非常踏实。自从拿了这一大笔钱，我和妻子反而不知如何是好了——我们还要做豆腐吗？不做豆腐，那我们的快乐在哪里呢？如果还做豆腐，我们就能养活自己，要这么多钱做什么呢？放在屋里，又怕它丢了；做大买卖，我们又没有那个能力和兴趣。所以还是还给你吧！"富人非常不理解，但还是收回了钱。第二天，当他再次经过豆腐坊时，听到里边又传出了小夫妻俩的歌声。

也许这个故事并不适合追逐财富、权贵之人的口味，有人会说钱多还不好吗？没有人听说过钱多会咬手的！但事实是"钱多"确实是会"咬到你的手"。当然，并不是要你不去拥有财富，而是要你用一个积极的心态去面对财富。

> 人的欲望是无止境的，当你得到了自己想要的东西，你还想得到更多更好的东西。摆正心态，克服欲望，这样才能享受幸福生活。

11. 放弃也是一种幸福

有一个富翁，他有很多钱财，但是他过得并不开心。富翁苦思冥想，找人求教，却很难获得答案。富翁感觉生活越来越不快活，于是把家里值钱的东西都折换成金钱，存进了钱庄，只带了少量金银，只身一个人出去想要弄个明白。

富翁走了很多地方，还是没有寻找到他想要的答案。一天晚上，沮丧而绝望的富翁走到了一个小山村里，坐在一块石头上长吁短叹。这时，一个打柴的老头从山上下来，他背着一大捆木柴，虽然累得满头大汗，嘴里依然哼着山歌，显得很开心。

富翁看见这种情景，觉得很不可思议，从这个老头的穿着来看，他的家境并不好，背上的木柴沉甸甸的，满脸都是汗水，这样的生活有什么快乐可言呢？而他却看起来那么高兴，富翁决定问个清楚。

于是他请求老头让他借宿一晚，老头很爽快地答应了，果然不出所料，老头的家里确实很穷，几间茅草房，一件像样的家具都没有，吃穿的东西基本上都是自己生产，可是这一家人显得很快乐。

富翁百思不得其解，就问老头快乐的原因，老头瞅了富翁一眼，说道："快乐是很简单的事情，能放得下就行了。"富翁仍然难以理解，第二天富翁起身告辞，他把自己身上的银子拿了出来表示酬谢。富翁心想，这个家里这么穷，给了他们银子他们一定会很高兴。不料老头坚持不要，后来见富翁非常真诚，就拿了银子，并邀请富翁再住一天。第二天附近所有人都来到这个老头家里,给富翁送行,还给他带来了好多小礼品。原来老头把这些银子全部拿来给村里的人们买了一些必需的用品,供大家共同使用,并告诉大家是富翁资助的,村里人非常感谢这个富翁,听说他要走了,特意来为他送行。

富翁从来没有遇到过这样的事情,他感动极了,心里有一种前所未有的感觉,他知道这就是幸福。他没有想到给老头的一点银子会换来这么多真诚的感谢,这个时候,看见穷老头的做法他终于明白什么叫作"放得下就是快乐"。自己以前有着巨额财富,但是只知道赚钱,却从来没有做过有意义的事情,老是担心别人觊觎自己的财产,老是担心自己的财产减少,老是担心有人会谋害自己,弄得整日忧心忡忡,这样的生活怎么可能幸福呢?

寻找到快乐的富翁将自己的钱财拿来救济穷人,用于公益慈善事业,看着自己的帮助使得别人笑逐颜开,富翁开心地笑了。

现实生活中,如果你真正获得属于你的幸福以后,你就会明白以前的放弃其实是一种财富,放弃让你学会更好地去把握和珍惜。不是因为你得到了你想得到的,而是因为你是在为自己而活,所以你要学会放弃。有时候放弃也是一种美丽。

曾经有一档收视率很高的节目,主持人非常了解人们的心理,总是能把节目主持得恰到好处,既能吸引人们参与,还不时把人逗得哈哈大笑。

在这个节目中充满了智慧和人性的美丽,它给人设置了一个实现梦想的机会。虽然很多人在实现梦想的过程中铩羽而归,但是也有人能够挑战成功。在节目过程中,女主持人的微笑有无穷的魅力,参与者在她微笑而带有鼓励的提问中:"继续吗?"往往都是一往无前地继续下去。

在这个节目中能答对全部十二道题的人很少,在关键时候的一次失误,就会前功尽弃,被淘汰出局。大多数选手面对这种新鲜刺激的玩法，都选择了"继续"，因为这是一个挑战梦想的机会，每一个人都不愿意轻易放弃。

这一天，又一位挑战者坐在了主持人的对面，他很聪明，也很幸运，已经闯过了九关，该第十关了。这道题的难度很大，他毫无把握，求助，找人询问，所有的求助方法已经全部用完，他还是得不到什么结果。观众席上，怀孕的妻子在关切地看着他。

漂亮的女主持人仍像以往一样，微笑地问对面的挑战者："继续吗？"

他皱眉考虑了片刻，又展开笑容，轻声说："放弃。"

女主持人一愣，在这个节目里很少有人会选择放弃，这是一个全国性的节目，在全国电视观众面前，就算是失败了，也是轰轰烈烈，如果运气好或许就能蒙对了。就这么放弃，那不是一生的遗憾吗？

主持人没有死心，继续问："真的放弃吗？"并且一连问了三次。这位挑战者没有犹豫，坚定地说："放弃。"

主持人又问："不后悔？"他笑着说："不后悔，我的梦想都已经实现。该得到的都已经得到了，这个时候放弃了有什么好后悔的。"

在准备离开的时候，女主持人看着他怀孕的妻子问他："你今天选择了放弃，如果你的孩子长大后问你，爸爸，那天的挑战节目你为什么不坚持到底？你该怎么回答？"

这位挑战者说："我会告诉我的孩子，人生没有十全十美，也不一定每一个人都非要走到最高点。"

主持人又接着问："如果你的孩子又问，我以后考80分就满足了，行不行？"

这位挑战者笑着回答："如果他已经尽了自己最大的努力，80分也可以。因为第一只有一个，并不是每个人都要当第一。人生懂得选择也懂得放弃，才会得到更多。"他的话音刚落，全场响起了热烈的掌声。

　　这是一个懂得人生懂得智慧的人，放弃有时候比坚持更难。放弃是一种豁达的人生态度，人生不可能永远都要成为第一。如果人人都抱着这种不成功便成仁的想法，岂不是要天下大乱？为了追求完美而将自己跌得头破血流，不但不会得到更多，反而可能连自己已经拥有的都要丢失。

　　　　学会选择，懂得放弃。放弃是一种智慧，也是一种幸福。没有绝对完美的事物，只要尽了自己的努力，不是第一，不是最好，即使这样又有何妨？看清得失，做到收放自如，人生会更轻松。

第四篇

经营好感情，享受幸福生活

在人生的道路上，友情、爱情和亲情是每个人都要面对的。在处理人际关系的时候，需要认真对待这三者的关系。友情需要珍惜，爱情需要呵护，亲情需要珍重。只有做到这些，生活才会幸福。

什么是幸福？不同的人会有不同的答案。

　　当你饥肠辘辘的时候，一桌丰盛的大餐就是幸福；当你饱受疾病困绕与折磨的时候，拥有一个健康的身体就是幸福；当你伤心流泪的时候，一声亲切安慰的话语就是幸福；当你长时间奔波于喧嚣的人流中，拥有一份自我的宁静就是幸福。当你吃腻了油腻的饭菜后，你会觉得偶尔的粗茶淡饭也是一种幸福……

1. 诚恳地**对待朋友**

在日常生活中，朋友在你的生命中扮演着十分重要的角色。真正的朋友，相知相许，心心相印。有的人与朋友相处，虚情假意，说假话做假事，虽然能骗得对方一时的信赖，但日久见人心，假把戏终究会被人识破。靠权势和金钱交的朋友，难以长久，靠真心诚意结交的朋友，感情会像常青树一样长久。

很多人都对"三顾茅庐"的佳话耳熟能详。在三国时期，诸葛亮忠心辅佐刘备，他们二人在朝中能为君臣，朝外可为朋友，鱼水交融，情同手足。

朋友之间，真诚是黏合剂，可把心与心贴紧，是感情沟通的桥梁，也是幸福之路的铺路石。

在汤姆还年轻的时候，他是一个很孤独的人，由于他一无所有，别人都不愿意与他往来。汤姆在忍耐寂寞人生的同时，渐渐地学会了与人沟通、交往，并付诸实际行动。慢慢地，他身边的朋友开始多了起来。

汤姆十分珍惜身边的朋友，他对朋友的重视程度远远超出了你的想象。在平时，只要是朋友来访，他都热烈欢迎，并且希望朋友能多住几天。尽管他的经济很拮据，但他都好像随时在等待朋友的到来，并且真心实意地接待，有时在朋友回去的时候，还要带些小礼物或土产之类的东西，以表达自己的心意。

现实生活中，每个人都有自己的工作，汤姆也不例外，但无论他多么忙碌，都不会把朋友来访看成是一种麻烦和困扰。朋友问他为何这样，他说："我是一个一无所有的人，与朋友来往，就应该让对方感到和我来往会得到某些方面的愉快与益处。"

当别人问汤姆为什么他的朋友这么多的时候，他说："绝不自私自利，乐意为朋友付出，这就是赢得朋友的秘诀。"相反，如果你只想着如何从别人那里获取什么、得到什么，那么你将无法交到朋友。因为没有一个人愿意同自私自利的人交往、做朋友。

有的人在与人交往的时候，首先考虑的是这个人对自己有没有利用价值。比如说，与这个人交往，以后向银行贷款时，可能会帮上忙；或许与这个人做朋友，能学到一些致富经验；也许会从某个人身上得到一些有用的信息；也许这个人能给自己带来好运。这样的人不会交到真正的朋友，更不用说得到别人的帮助了！

与朋友相处，伤害往往是无心的，但是帮助却是真心的。因此，要学会忘记那些无心的伤害，铭记那些对你真心的帮助。真诚地对待朋友，应帮助朋友，对朋友负责。朋友在危难的紧要关头，伸出你热情的双手，出主意，想办法，帮他渡过难关。

朋友是人一生中最大的财富，朋友之间不一定要形影不离，一定要知心知意；不一定要锦上添花，一定要雪中送炭；不一定要常常联络，一定要放在心上。现实生活中，想要做到真诚地对待朋友，就应该讲信用，守诺言，言必行，行必果。

在人生的道路上，朋友是不可缺少的伴侣。真诚地善待你身边的每一位朋友，你就会有意想不到的收获和意外的惊喜。

2. 怀有**感恩之心**

中国儒家思想中有"受人滴水之恩，必当涌泉相报"的古训，其意非常容易理解：得到别人对自己的一点点帮助，也要放在心上，心怀感恩，尽量再去帮助别人，将这种"善"传递下去。

华人首富李嘉诚就是一个这样的人，从小事中体会着古训。

小时候，李嘉诚还只是个茶楼跑堂的，那时每天要工作十几个小时，可以说天天处于疲乏之中。听茶客聊天，成了李嘉诚排困解乏的最佳疗法，然而，有一天却发生了意外。

那天，一位茶客坐在桌旁，侃侃而谈，大谈生意经，那些生意经的斗智斗勇，尔虞我诈，令李嘉诚大开眼界。他觉得做生意很神奇也很刺激。李嘉诚一时听得入了迷，竟忘了自己的本职工作，没有及时给客人冲水。

这时，有一位伙计，看着李嘉诚如痴如醉的样子，而客人的杯子早空了，便大声叫他，李嘉诚这才回过神来，慌里慌张地拿起茶壶为客人冲开水。由于动作匆忙，他一不小心把开水淋到茶客的裤腿上。

这下可糟了。李嘉诚吓坏了，呆呆地站在那里，脸煞白，不知该如何向这位茶客赔礼道歉。茶客是茶楼的衣食父母，若遇上蛮横的茶客，必会挨几个耳光，而且会找老板闹个不休。

李嘉诚知道自己闯下大祸了，真不敢想象将会有什么样的厄运降临到自己身上。他早已听说，在自己进来之前，一个堂倌也犯了这样的过失，而那个茶客是"三合会白纸扇"（黑社会师爷）。老板自然不敢得罪这位"煞星"，硬是逼着堂倌给这位大爷下跪请罪，然后就把他辞退了。

李嘉诚已做好了受罚的准备。老板也跑了过来，正要对李嘉诚责骂，想不到的是，这位茶客说："是我不小心碰了他，不怪这位小师傅。"茶客一味为李嘉诚开脱，老板当然乐得顺水推舟，也就不再说什么了，只是恭恭敬敬地向茶客连声道歉。

茶客坐了一会儿就走了，李嘉诚愣愣地回想着刚刚发生的事，依然心有余悸，双眼湿漉漉的，暗自庆幸遇上了好人。

事后，老板对李嘉诚说道："我晓得是你把水淋到了客人的裤腿上，以后做事千万得小心。万一有什么闪失，要赶快向客人赔礼道歉，说不准就能大事化小。这客人心善，若是恶点的，不知会闹成什么样子。开茶楼，老板、伙计都难做啊！"

回到家，李嘉诚把这件事情说给母亲听，母亲感叹不已，觉得儿子确实很幸运。她说："菩萨保佑，客人和老板都是好人。"她又告诫儿子："种瓜得瓜，种豆得豆；积善必有善报，作恶必有恶报。"

李嘉诚对母亲的告诫谨记在心。他满心感激那位好心的茶客，也感激老板对自己的宽容。

只要有了这种感激之情，我们就能以自己的热忱和真诚去回报社会，回报他人。如果我们将别人对自己的帮助深深地感念在心，就会以诚信的品德去面对社会和他人，就会真心待人，乐于助人，在别人需要自己帮助的时候挺身而出，慷慨相助。

一个名叫布鲁克的英国人，出生不久就患上小儿麻痹症，从此失去了行走的自由。他不能像正常青少年那样享受户外活动，他无法奔跑于明媚的阳光下。长大以后，他难以在职场上得到平等的就业机会。许多对健康人来说易如反掌的动作，他却必须耗费很多的精力才能完成。

虽然布鲁克身患残疾，但他却感到无时无刻不在与幸福相拥而欢。他说："我的人生道路虽然很曲折，但我却能享受到人间的温情、善良和友爱。我要感谢所有对我有帮助的人，感谢在我上下楼梯时帮我拿拐杖的人，感谢在我跌倒时扶我起来的人，感谢在我排队时让我优先的人。总之，我要感谢我生命中所有与我擦肩而过的人，是这些人温暖了我的心，让我能在未来的人生之路上自信而勇敢地向前迈进！"

现实生活中，一个人无论高贵还是卑微，无论伟大还是渺小，都不能仅凭自己的能力和智慧成就一番事业，都要或多或少地依靠社会和他人提供种种帮助，确切地说，人从呱呱坠地的那一刻起，就开始接受社会和他人给予的种种帮助。正因为如此，我们每个人都应当对社会和他人时刻怀有一种深挚的感激之情。

人与人之间都要有感激之情，不懂得感激的人不懂得幸福。被感激的时刻，你就会体会人间的真情和温暖。

日常生活中，要学会感激家人、朋友和同事，因为他们给你带来了快乐。在这个世界上，感激别人和被别人感激都是难得的缘分。常怀感激之情，你就会感激别人，多为别人分忧，多做些让别人感激的事情，让别人时刻感觉到幸福。

3. 亲情是幸福的源泉

亲情是人世间最纯真的感情。幸福是花，亲情是水。没有水，花会枯萎。幸福如不断生长中的花，你不能强迫它永远盛开。所以，我们要懂得珍惜。

在人的一生中，亲情会一直伴随着我们，无论何时，无论何地，亲情都在背后不计代价地给你支持。儿女以父母的尊贵为骄傲，父母望子女成龙成凤，以儿女的成功为荣耀。

世界上著名的演讲大师安东尼•罗宾，就用自己的亲身经历向世人阐述了亲情的伟大。

在他13岁的那年，由于父亲的工作发生了变动，他跟着家人从佛罗里达州搬到加利福尼亚州居住。那时的他正处于青春叛逆期，常常把父母的教诲当耳边风，就像许多时下的青少年一样，自以为是，反抗、易怒，对于一切都不在乎。对于亲情，他更是不屑一顾。每当人们提到亲情时，罗宾就会很生气地反驳他们。

有一天，罗宾在外面把别人打了，对方的家长找上门来，罗宾的父母只好连连道歉。晚上，罗宾进了自己的房间，用力关上门，躺在床上望着天花板，回想着事事不顺心，样样不如意的一天，懊恼至极。当他把手伸进枕头底下时，意外地发现了一封信。他拿出信封，上面写着：当你独处时，打开它。罗宾心想，房间里没有别人，没人会知道我是否读了它，于是就拆开了信封。内容写着："罗宾，我了解你对目前的生活感到不顺、挫折。我也知道做父母亲的我们，不能什么事情都是对的。我更清楚，我对你的爱是全心全意的，你所说所做的事都不会改变这点。任何时候想找我谈谈，我永远都欢迎你。如果不想，也没关系。只要记得不论你身在哪里，做什么事情，我都永远爱你。爱你的妈妈。"

从此以后，在罗宾的生活中经常出现这种"当你独处时，打开它"的信，直到他长大成人后才向别人提到这件事。

罗宾成名以后，不断在世界各地演讲，帮助别人提高自己，经常提及这些信。有一次，他在某市的演讲结束后，有一位父亲来找罗宾，这个父亲与他的儿子很难沟通。后来，罗宾跟他谈到他妈妈永恒不变的爱及那些"当你独处时，打开它"的信。后来，这位父亲和他的儿子无话不说，成了挚友。

在罗宾那段情绪纷扰的岁月里，这些信总能安抚他的心情，让他确信，不论他做了什么事，父母亲的关爱是永远不变的。临睡前，他感谢上天，让他的母亲了解到正处于青春叛逆期的他最需要的是什么。

日常生活中，谁都会遇到或大或小的困难，但是在亲情面前，任何困难都变得很渺小。这种永无休止、无时无刻地关怀的大爱亲情，正是我们在人世间幸福的源泉，恰如江河之源。

感恩节即将来临，史密斯的哥哥送了他一辆新车。感恩节那天，史密斯下班后，就离开了办公室。当他走到自己的车旁时，一个男孩绕着那辆闪闪发亮的新车，十分赞叹地问："先生，这是你的车吗？真漂亮！"

史密斯点点头："谢谢，这是哥哥送给我的感恩节礼物。"男孩满脸惊讶，羞涩地说："你哥哥送给你的礼物？你没花一分钱？如果我也能……"

史密斯以为他是希望能有一个送他车子的哥哥，但那男孩所谈的却恰好相反。

"我希望自己能成为送车给弟弟的哥哥。"男孩继续说。

史密斯惊愕地看着那男孩，接着微笑着邀请他，说："你要不要坐我的车去兜风？"男孩非常高兴，兴奋地坐上了车，绕了一小段路之后，那孩子眼中充满希望地说："先生，你把车子开到我家门前好吗？"

史密斯微笑着说："当然可以。"他想，那男孩必定是要向邻居炫耀，让邻居们知道他是坐了一部新车子回家的。但是史密斯这次又猜错了。"先生，你能不能把车子停在那两个台阶前呢？"男孩继续委婉地要求。

男孩愉快地跑上了台阶，过了一会儿，史密斯感觉男孩的动作似乎有一点缓慢。原来他带着跛脚的弟弟出来了，将他安置在台阶上，然后指了指那辆新车。

只听见那男孩对弟弟说："你看，这就是我刚才告诉你的那辆新车。史密斯他哥哥送给他的，漂亮吧，将来我也送一辆这样的车给你，到那时候你就可以去看各种节日礼品了。"

史密斯走下车子，将男孩的弟弟抱到车子的前座，就这样他们三人开始了一次令人难忘的兜风旅行。

自从遇到了这个小男孩，史密斯才真正体会到亲情的可贵。

人在心中应该设身处地想到的，不是那些比我们更幸福的人，而是那些更令我们同情的人。亲情是最大的财富，是一个人生命最有力的支撑与保障。没有亲情的人生，就不是真正的人生。

> 亲情是创可贴，在你受伤的时候帮你止血止痛；亲情是良药，在你生病时让你康复。拥有亲情是幸福的，亲情是幸福的源泉。

4. 播种**感情**，收获**幸福**

种瓜得瓜，种豆得豆，播种感情，收获幸福。所以，为了让自己的人生道路更加顺畅，增大成功概率，一定不要吝惜你那点感情，多投资点，就多收获些。

在日常生活中，任何人都不能离开朋友而独自生存。多个朋友多条路，多个对手多堵墙。当你身处危难境地时，帮助你的往往是你的朋友；如果朋友们不向你伸出援助之手，你有可能会陷入无助之中。

莫桑的父亲过世时，给他留下了一家商店，这家商店凭着良好的信誉，在当地早已打出了名声。莫桑接手这家商店后，满怀抱负想将它发扬光大，希望它在自己的手中能有更大的发展。一天晚上，莫桑的商店已经打烊，他和妻子刚要回家休息。正当关店门时，一个面黄肌瘦、衣衫褴褛、双眼深陷的年轻人出现在他的面前，很明显这个年轻人已经很久没有吃过东西了。

莫桑是个心地善良、乐于助人的人。他客气地对那个年轻人说道："小伙子，我能帮你什么忙吗？"

年轻人虚弱地说："这里有吃的东西吗？"他说话的声音虽然很虚弱，但莫桑还是清楚了他的意思。

年轻人害羞地低着头，小声说："我来自墨西哥，到这里来是为了找工作，可是整整两个月了，却没有找到一份适合我的工作。我父亲年轻时也来过美国，他告诉我你们店的信誉非常好，他曾经在这里买过一顶帽子，瞧就是这顶。"

虽然那顶帽子的标记早已经被污渍弄得有些模糊，不过仔细辨认还是可以看清的。年轻人继续说："我好几天没吃过东西了，也没有钱回家。你能不能……"

莫桑知道眼前站着的这个人，只不过是多年前一个顾客的儿子，可是，出于一片好心，他决定帮助这个小伙子。他让妻子把年轻人请进店内，并给他做了一顿丰盛的晚餐，给了他回家的路费。

十几年过去了，莫桑的生意做得越来越好，美国许多地方都有他的分店，他决定将生意做到海外去。可是问题在于，他在海外没有根基，要想发展必须从头做起，从头开发并不是容易的事，为此莫桑一直拿不定主意。正在这时，他收到一封来自墨西哥的信，原来给他写信的正是多年前他曾帮过的那个流浪的年轻人。而此人通过自己的努力，已经成了墨西哥一家大公司的总经理，他在信中表明，要感谢莫桑的帮助，并想与他共创事业。这个消息的到来，无疑是给莫桑带来了喜讯，他喜出望外地给那位年轻人回了一封信，并表示愿意与他合作。

不久，莫桑在年轻人的帮助下很快在墨西哥建立了分店。

有人认为交朋友不是一件很容易的事情，活了大半生也没有交到一个真正的朋友。造成这种情况的原因在于，交朋友者没有付出真心。热心地帮助他人，就相当于施恩于别人，有心人对此牢记在心，日后需要他时，自然会助你一臂之力。

杰克很小的时候，因为家境贫寒，不得不结束自己的学习生涯。14岁时开始四处流浪。

转眼间两年过去了，杰克依然过着贫苦的日子，他和姐夫一起加入到阿拉斯加淘金者的队伍中。在队伍里，他结识了许多朋友，而在这些朋友当中三教九流什么人都有，但大多数都是美国穷苦的劳动人民。不过，尽管大家的生活非常艰苦，可是，他们并没有因生活上的苦而丧失生存的信念。

在众多朋友中，他与一位叫坎里南的人甚是投缘。坎里南来自芝加哥，在他多年的人生经历中，曾经受过许多苦难的折磨，他辛酸的历史简直可以写成一部厚厚的小说。每当他为杰克讲述自己的痛苦经历时，杰克总被感动得潸然泪下。写作的想法在杰克心底油然而生，他想以淘金生活为题材，写一部书。

在坎里南的帮助下，杰克的处女作终于在1899年问世了，当时他只有23岁。随后，一部部精彩的作品也相继出版。因为他的作品都是以淘金工人的贫苦生活为题材，所以，受到了广大中下层人士的喜爱，杰克也因此走上了成功的道路，生活也不再贫穷。生活富裕以后，杰克并没有忘记那些与他同甘苦共患难的朋友，因为他知道吃水不忘挖井人，所以，他经常去看望那些穷朋友们，与他们一起喝酒、聊天。可是后来，随着杰克名声的扩大，金钱越来越多，地位越来越显赫，他开始过起豪华奢侈的生活，而且是毫无节制地大肆挥霍。他的那些穷朋友，也被他遗忘了。

一次，他的好朋友坎里南前来探望他，可是杰克忙于应酬忽略了坎里南，一个星期内只与坎里南见了一面。

坎里南对杰克非常失望，伤心地转身离开了。从此，他的那些穷朋友们再也没有出现在他的生活当中，而杰克再也写不出好的作品了，因为他离开了朋友，离开了写作的源泉。

几年之后，处于精神和金钱危机中的杰克，选择了以死来了结生命，悲惨的命运从此画上了句号。

由此可见朋友的重要性，杰克就因为忽视了这一点，才落得悲惨的下场。

感动别人是享受自己，享受自己心灵中最好的一部分，爱的最高境界是爱别人，爱的最大境界是爱天下。播种感情，收获幸福。

> 感情是相互的，当你有恩于别人，别人自然会感激在心，会愿意帮助你。用真心帮助别人，你会得到更多的快乐幸福。

5. 亲情无价

在日常生活中，当物质生活得到满足后，人们更需要的是精神抚慰，更需要亲情。特别是到了一定年龄的人，对追求亲情的享受远远超过了对物质的享受。物质是有形有价的，是可以替代的，而亲情则是无可替代的，因为亲情无价。爱情有可能遭背叛，友情或许被遗弃，唯有那维系血缘的亲情是世间永不变的情结。

在一个寒冷的冬季，一天，当珠宝店主百无聊赖地徘徊在店里时，发现一个小女孩朝着珠宝店走了过来。她用那双红肿的小手费力地拉开珠宝店的大门，直奔珠宝展柜，她踮起脚跟吃力地观望着每一件珠宝，忽然将视线定在一条蓝宝石项链上。过了许久，她才天真地对珠宝店的老板说："我想买这条项链，把它当作礼物送给我姐姐。您能帮我包装得漂亮一点吗？"店主上下打量着小女孩，怎么看，她也不像是有钱的样子，便问道："你能付起这条项链的钱吗？"

小女孩小心翼翼地将一个小手帕从口袋里掏出来，由于小手被冻僵，她吃力地解着手帕上一个又一个结。几分钟后，小女孩把手帕里的钱全部摊在柜台上，兴奋地说："这些能够付清这条项链的钱吗？"店主低头看了看柜台，发现那只不过是几枚硬币。小女孩继续说道："妈妈很早就离开了人世，是姐姐辛苦赚钱把我养大，她就像妈妈一样疼爱我、照顾我，明天是姐姐25岁的生日，我想为她准备一份生日礼物。自从妈妈去世后，姐姐从没过过生日，就更别说生日礼物了。所以，我想把它当作生日礼物送给她，她收到这个礼物时一定会非常开心的，因为项链的颜色就像她的眼睛一样漂亮。"

听完小女孩羞涩的诉说，店主从柜台里取出那条项链，放在一个精美的小盒子里，并用一张漂亮的红色包装纸包好，还在上面系了一条绿色的丝带。

他对小女孩说："孩子，将它送给姐姐去吧，路上小心点。"得到礼物的小女孩非常高兴，连蹦带跳地跑出了珠宝店的大门，消失在寒冷的街头。

第二天晚上，在店主正准备打烊时，一位蓝眼睛的漂亮姑娘推开了店门。她彬彬有礼地对店主说："老板打扰了，我想问一下这条宝石项链是在您的店里买的吗，多少钱？"说着，她从包里拿出已经打开的礼品盒里面的项链，放在柜台上。

店主看过之后，认出了这条项链，也了解了这位姑娘的来意，他说："是的，是从这里买的，而且是我包装的，至于价钱那是卖主和顾客之间的秘密，本店有规定不能随意将商品的价格透露给第三者。"

"仅凭我妹妹的几枚硬币是无法支付这么昂贵的宝石项链的。"店主拿起装项链的盒子，把项链再次放进去，重新包装好系上丝带，双手交给了姑娘说："你妹妹支付了她所拥有的一切，这样的价格没有任何人愿意支付，所以，我心甘情愿将这串宝石项链卖给她。"

有人说："有钱能使鬼推磨，没有金钱办不到的事。"这种说法并不全面，用金钱可以买到的东西不一定是最好的。金钱不能买到的东西很多，如亲情、友情、爱情，而这些恰巧又都是世间最宝贵的东西，金钱在它们面前会显得暗淡无光。

在美国，有一名年轻的航空飞行员。有一次，他参加了一次飞机试飞，不幸的是在试飞的过程中发生了一次意外，大脑受到重创，从此失去了生活自理的能力。本来这位飞行员所在单位要将年轻的飞行员送进疗养院，可是与他相依为命的姐姐却断然拒绝了这一安排，她下定决心自己照顾弟弟。许多亲朋好友对此都不能理解，甚至与她相恋多年的恋人也离她而去。

后来，有很多人问她：为什么不肯把弟弟送进疗养院，反正也用不着你出钱，更能减轻你的负担，而她却只是很平静地说："因为他还有亲人。"

从飞行员的姐姐的话语中，我们再一次感悟到了亲情的可贵，金钱能换回很多东西，却换不来亲情。在人的一生中，亲情伴随着我们的成长。无论你是普通百姓还是达官贵人，无论你是贫穷还是富有，无论你是名声显赫还是默默无闻，只要你拥有亲情，那么你就是幸福的。

> 　　亲情是世界上最宝贵的财富，也值得每个人用生命去珍惜。在人生的道路上，你可以抛弃金钱，但是不能抛弃亲情，因为亲情是无价的。

6. 用真心换友谊

　　现代伟大的科学家爱因斯坦写道："世间最美好的东西，莫过于有几个头脑和心地都很正直的朋友。"

　　人生在世，总会发生错综复杂的人际关系，总要不断地处理这样那样的人与人之间的关系。朋友关系就是人际关系中很重要的一个方面。友谊真是神圣的，值得特别推崇，而且值得永远地赞扬。

　　如果你有患难见真情的知己，如果你有一辈子忠诚的友谊，那当然是值得庆幸的。面对自己的朋友，要真心实意地对待他们，只有这样，友谊之树才会常青。

　　有一个年轻的小伙子，他与年迈的父亲一同住在海边，性格孤僻的他，很少与同龄人一同玩耍，他唯一的朋友就是海边那一群海鸥。

　　每天到海边与海鸥一同嬉戏是他的必修课，久而久之，他与海鸥之间形成了一种默契，只要他站在海边，吹一声口哨，成百上千只海鸥就会降落在他的周围。他跑，海鸥盘旋在他的上空；他坐，海鸥落在他的肩上；他躺在沙滩上，海鸥就在他的身上憩息。远远望去形成了一道美丽的风景，人们见了无不称奇。后来，有人对他父亲说："你儿子与海鸥的关系如此亲密，就拜托他捉几只回来玩玩儿。"

父亲也觉得新鲜，对他说："乡亲们说你经常与海鸥一起嬉戏，关系甚是友好，给我也捉一只来吧，我也想体验一下那种滋味。"小伙子点头答应了父亲的请求。

第二天，他与往日一样，刚到海边，就吹了一声长长的口哨，一群海鸥马上出现在他的上空。

可是，奇怪的事情发生了，无论他多么努力吹口哨，海鸥仍然盘旋在他的上空，就是不肯与他接近。小伙子深深地埋下了头。

与人交往贵在真诚，世界上希望被朋友算计的人恐怕是凤毛麟角。因此，真诚相待已成为结交朋友的一项永不更改的法则。如果对待朋友心怀鬼胎，被朋友孤立是迟早要发生的事。

对朋友要以诚相待。将心比心、投桃报李的道理每个人都懂，在为人处世中，你将一颗真诚的心交给对方，对方也一定回报你一份真挚、浓厚的感情。

有这样一则关于猫和老鼠的童话故事：

最初，猫和老鼠是好朋友，它们住在一起，像兄弟一样。可是，后来发生了一件事，让猫和老鼠的关系发生了改变。

天帝为了给人们安排生肖，决定在天上开一个生肖大会，他给各种动物发了开会通知。猫和老鼠都接到了开会的通知，它们决定一起去参加大会。

因为猫很爱睡觉，所以在开会的前一天，特别嘱咐老鼠说："鼠弟，明天去开会的时候，如果我睡着了，你叫我一下，好不好？"

老鼠说："你放心睡吧，我会叫醒你的。"

猫放心地睡了。第二天早晨，老鼠很早就起来了，它没有叫醒猫，自己偷偷上天开会去了。在这次生肖大会上，老鼠排在了十二生肖的第一位。

生肖大会开完了，老鼠高高兴兴地回家。猫刚睡醒，它看见老鼠，奇怪地问："鼠弟，今天怎么没开生肖大会啊？"

老鼠说："你还做梦呢！生肖大会已经开完了，有十二种动物获此殊荣，我还排在了第一呢！"

猫吃了一惊，它问老鼠："那你为什么没有叫我一起去？"

老鼠说："忘记了！"

猫生气地大声说："小东西，你不是答应叫我的吗？你为什么不讲信用？"

老鼠一点也不肯认错，它说："我为什么一定要叫醒你呢？我又不是你的佣人。"

猫被气坏了，它大叫一声，咬住了老鼠的脖子。老鼠叫了两声，挣扎了几下，就死去了。

从此，猫和老鼠就成了死对头，一直到现在还是这样。

当然，这只是一个童话故事，但这个故事还是有一定哲理的。故事告诉我们应该真心对待朋友，不能像老鼠那样，为了自己的利益而忘记了友情。

古人常说："千金易得，知己难求。"要想交到真正的朋友确实很难，但是，一分耕耘一分收获，只要你对朋友付出了真心，你也会得到朋友的真心回报的。

> 真诚的、十分合理的友谊是人生的无价之宝。友谊是易碎品，小心轻放，切勿倒置。真心对待朋友，友谊才会长久。

7. 生活因爱而美好

生活中到处都充满了爱，父母的关爱，朋友的友爱，别人对自己的敬爱。如果一个人在这个充满爱的世界里，得到别人的爱，他会多么的幸福。相反，如果他没有主动地去爱别人，他也就得不到别人的关爱。

爱充满了人间，爱的形式多种多样。在日常生活中，也许你因做了错事而遭到上司训斥，也许你因犯了错误而受到父母的责怪。当你受到训斥的时候，你可曾想到正是有这些关心你的人，你的生命旅程才会少走很多弯路。爱就是力量。只要心中充满爱，任何困难、挫折和艰难险阻都阻挡不住你前进的脚步。

一天傍晚，强在回家的路上看到一个小孩端正地坐在院子的门口，不停地在忙着什么。在好奇心的驱使下，强悄悄地走到了小孩的面前，只见小孩子正在挑拣混在一起的赤色豆和绿豆。

强说："你这样做不感到麻烦吗？你挑拣这些豆子做什么呢？"

小孩子并没有抬头看他，一边做事一边说："奶奶病了，要用绿豆做药引。可是，乡下亲戚给寄来的豆子都混在了一起，所以为了给奶奶治病，我需要把它们区分开。"

强不解地问："像这种绿豆，很容易就买到，为什么你非要这么费事呢？"

小孩子一张小脸被苦恼占领，他悲伤地说："奶奶治病需要很多的钱，可是，爸爸妈妈都下岗了。现在又不是没有豆子，只不过是浪费一点时间，我想把买豆子的钱省下来为奶奶治病。"

强被小孩子真诚的爱感动了，从钱包里拿出一百元钱放到了小孩子的面前说："别再挑了，用这些钱给奶奶买绿豆去吧！"小孩子这时才抬起头来，站起身给强深深地鞠了一个躬。

不久，当强再次经过那里时，仍然看到那个小孩子坐在那里挑豆子。强上前问道："为什么你还在挑豆子呢？难道，你没有用那些钱去买吗？"

小孩子感激地对他说："叔叔，谢谢你，我没有去买豆子，我想将那些钱攒下来给奶奶治病。这些豆子我马上就可以区分开的。叔叔你是个拥有爱心的好人。"

强又继续说："你刚刚挑了这一点儿，怎么能马上挑好啊！这你要做到何年何月啊？"

小孩子坚定地说："我相信总有一天我会挑完的。"

强被小孩子坚定的信念所震撼，他知道那是一种爱在支撑着他，给了他挑战困难的信心和勇气。

在四川发生大地震以后，牵动着全国亿万人民的心。在某市的一条大街上，路边铺着一条长长的红布，上面放着一个大大的募捐箱，红布上写着"一方有难，八方支援"八个大字。在台阶上面，有几个学生，他们正在向过路人解释这次捐款的原因，还向他们发送一些有关这次受灾的资料，希望他们能够帮助灾区的人们。

不一会儿，行人纷纷走上台阶，掏出钱包，往捐款箱里投钱。来了一位阿姨，她手里抱着一位小男孩，她从钱包里拿出100元，放在小男孩的手中，叫他把钱塞进募捐箱，小男孩一下子就把钱塞了进去，脸上露出了两个小酒窝。又来了一个大老板模样的人，他停下小轿车，从鼓囊囊的钱包里拿出了600块塞进募捐箱里，又坐上了小轿车。很快，捐款箱里钱越来越多，可是过往的行人还是络绎不绝，纷纷走向捐款箱。

看到大街上的这一幕，仿佛又听到了那熟悉的歌声："只要人人都献出一点爱，世界将变成美好人间……"原来生活中的爱就在我们身边。爱是一种亲情，爱是一种感情，爱是一种同情，让我们都献出一点爱，让生活因爱而精彩。

日常生活中，因为有爱，我们才更幸福；因为有爱，我们才更快乐；因为有他人的付出，才有自己的收获。正因为有了爱，生活中又增添了绚丽的色彩。如果别人曾经关爱过你，那么你应该铭记于心，并且还要心存感恩，索取的同时也要学会给予。给别人一个灿烂的微笑，一个关怀的眼神，一个温暖的拥抱……把爱的故事记下来并永远保存它。

生活因为有爱才有了希望，世界因为有爱才会多姿多彩。爱是一道光，照亮美好的生活，照亮多彩的人生。

> 生活中到处都充满了无声的关爱，是关爱让我们知道了什么是人情冷暖，是关爱让我们感觉到什么是幸福的生活。生活因爱而美好！

8. 平平淡淡才是真

什么样的婚姻生活是最幸福的？平平淡淡才是真，就是对这个问题的最好回答。

在日常生活中，常常听到许多人在结婚后发出这样的感慨：当初不懂恋爱时恋爱了，如今懂得恋爱时却不能恋爱了。这是很正常的现象，婚姻不是到超市里购物，能够反复比较、筛选出自己最满意的配偶。婚姻也许就是两个人从陌生走向相爱，然而相爱容易相处难，激情过后，剩下的只有各自的性格和脾气。也许婚姻本来就是一种有缺陷的生活。

小丽最近有些不开心，因为她觉得生活平淡得像白开水，无色无味。经常听到她在抱怨婚姻生活就是家长里短、柴米油盐。

小丽说：新婚的甜蜜和激情被时光冲淡以后，丈夫对自己再也不像当初那样浪漫多情、细致体贴，而且他还变得不讲道理、懒惰起来，也不再为我多花心思，再加上工作的压力，家务的烦琐，两个人似乎很难再有像婚前那样的激情。

对于小丽的情况，很多人也都会有同样的感受。然而，婚姻的本质就是脱去热恋时华丽的包装，归于平淡、真实的生活状态。在现实生活中，想要拥有长久的幸福、白头到老的浪漫，就需要用一颗平常心去对待。

其实，没有完美的婚姻，只有最合适的婚姻。婚姻的好与坏，完全取决于你自己，当你激情退却，想过平稳日子的时候，你又想让对方老老实实，不要在外面拈花惹草；当你渴望激情的时候，你希望对方浪漫多情、风度翩翩；当你厌倦生活平淡的时候，又想让对方活泼天真。这样，你怎么可能感觉到婚姻的幸福快乐呢？

在一个小镇上，有一对年迈的老夫妻，他们在一起生活了几十年，无情的岁月在他们脸上留下了很深的皱纹。但他们依然精神矍铄，脸上经常带着慈祥的笑容。

每天吃完早饭，他们都要去早市买菜。去的时候，大爷拄着拐杖，大妈拎着空篮子，两人并肩行走。买完菜回来的时候，菜篮子里装满了蔬菜水果，拐杖穿在篮子中央，两人抬着，一前一后，慢慢地走着回来。

上午，大爷坐在树荫下的躺椅上，摇着蒲扇看报纸。大妈拿着小凳坐在大树下开始择菜。有时候，大爷静静地睡着了，大妈就拿来一个毛毯，轻轻地搭在大爷身上。

到了晚上，他们在小区里悠然地散步，两个人只是在慢慢走着，没有手挽手，也没有温情脉脉的眼神。偶尔，大爷走快了两步，停下来，回过头等着大妈赶上来，再并排一起走。

有很多人问过他们："是什么让你们的婚姻幸福，白头到老的？"

大爷回答说："在我们年轻的时候，我们也都不满意对方，不满意平淡的生活，可随着时间的逝去，我们才渐渐明白，幸福的婚姻就是平淡。婚姻就像一堆柴火，火光与激情四射，只会让柴火烧得越旺，灭得也就越快。"

有的人认为婚姻是甜言蜜语，是鲜花、礼物，是深长而又诗意的吻，是永远缠绕的激情。然而，相爱容易相处难，激情过后，剩下的只有各自真实的性格和脾气。婚姻生活逐渐从兴奋刺激的浪尖上冲到了波澜不惊的海岸边，从此也就结束了王子和公主的童话，因此，心理肯定是有落差的。

现实生活中，永远不要去羡慕别人的婚姻，因为不可能有一场婚姻是为你的个性量身打造的。很多已婚的人都会有这样的感受，

　　当自己正处在热恋中的时候，自己可以为心仪的对方付出一切，可是婚后却不能为对方有一点点改变。合适的，就是幸福的。因此，懂得幸福的人打破完美婚姻的神话，老老实实地面对自己的另一半。婚姻最终都会将浪漫和激情转化到漫长的油盐酱醋之中，在平淡的生活中检验婚姻的质量。

　　婚姻是两个陌生的人从相识到相爱，将不同的环境、不同的背景、不同的喜好的人组合在一起，因此婚姻本身就是不完美的。那么，生活中应该如何面对这种不完美呢？我们要学会接受，并尽力调和，这完全取决于我们的心态。换一个角度去看待，幸福的婚姻就是平淡中的踏实。

　　　　婚姻生活本来就是平淡的，但是平淡中饱含着夫妻的爱，平淡中饱含着对生活的热爱。不要抛弃平淡，抛弃了平淡就等于放弃了生活。平平淡淡才是真。

9. 珍惜婚姻

> 培根说过："了解爱情的人，往往会因为爱情的升华
> 而坚定他们向上的意志和进取精神。"这个世界并不缺少
> 爱，只是缺少了一双爱的翅膀——珍惜。

一所大学里，一位心理老师正在给学生们讲爱情的含义。为了
能够让学生们对爱有深刻的了解，她请一位男同学到讲台前面做一
个游戏。

这位老师在黑板上画了一个表格，她要求这个男生将自己已经
认识或将会认识的人分类，分别填在空格里。学生按照老师的要求
做了，在表格里，他填上了父母、老师、孩子、妻子、亲戚、朋
友、同事、邻居、上司，等等。

然后，老师让他从中删掉其中对他最不重要的人，他果断地将
"邻居"删掉了。老师让他再删掉一个，他将"同事"删掉。老师
继续让男生从剩下的名单中删除相比之下最不重要的人，男生继续
删。

渐渐地，黑板上的名字越来越少。男孩在选择删除对象的过程
中，停顿的时间也越来越长。从他的表情中，可以看出他对自己的
选择产生过怀疑。坐在课桌后的学生也在积极思索着，他们在想自
己该如何选择。

当听到老师再次让他从剩下的名单中删除最不重要的人时，他
满脸疑惑地望着老师，不知道该怎么办，同学们也都愣住了，整个
教室顿时显得异常安静。因为黑板上只剩下父母、妻子和孩子三个

名称。

老师没有做出什么特殊反应，她鼓励这个男生继续选择下去，最后只能剩下一个。男生停顿了一会儿，轻轻将"父母"删去。从他痛苦的表情中可以看出，他不想再继续进行下去了。然而老师很平静，他要求男生再删掉一个。

他的头脑顿时一片空白，他的手开始不住地颤抖，眼睛逐渐变得模糊。待一番思考之后，随着他的用力一划，只有"妻子"是唯一的"幸存者"。他闭上眼睛，大吼了一声。

待他平静下来后，老师问他："父母养育了你，孩子是你的骨肉，而你的最终选择却是你的妻子，这是为什么？"

这位男生是这样回答的：在他的生命中，父母会比自己先走一步，孩子独立后也会离开他，唯有妻子能够陪伴自己度过一生。

妻子是修来的福分，不到万不得已，就不应该轻言放弃。

有个关于人与佛的故事。一个人遇上了感情上的矛盾，他找到了佛，希望佛能够为他指点迷津。

他对佛说，他已经有了妻子，但却深深爱上了另外一个女人，不知道该如何取舍。佛问他，如今他爱的女人是不是他今后生命中的唯一或是他爱上的最后一个女人。他不假思索地做了肯定而带有承诺语气的回答。佛对他说，既然如此，就与妻子离婚吧，然后把自己现在爱着的这个女人娶回家。他面带难色地告诉佛，他的妻子既温柔善良，又聪明贤惠，离婚对她来说，是残酷的，如果自己真这样做了，也会被人认为是不道德的。佛说，没有爱情的婚姻比离婚更残酷，更不道德，既然另有所爱，就该果断追求。

他又说了，他的妻子是深爱着自己的，自己还是不忍心。佛对他说，他的妻子爱着他，因而她是幸福的。他感到无法理解，他问佛，他要离开她，投入另一个女人的怀抱，她至少是痛苦的，怎么还会感到幸福呢？佛告诉他，在婚姻中，他因为爱上了别人，已经失去了对妻子的爱，而妻子仍然拥有对他的爱。因拥有而幸福，因失去而痛苦，真正痛苦的人应该是你。

他不敢相信自己的耳朵，他对佛说，他认为自己的观点是正确的，痛苦的人应该是他的妻子。佛对他说，他错了，因为他不过是婚姻中妻子真爱的客观对象，当作为客观对象的他不存在时，她的真爱在婚姻中仍然存在，并且从来都没有失去过。因而她一直都是幸福的，真正痛苦的人是他自己。他顿时感到紧张，他告诉佛，他妻子对他说过，一生只爱他一人。佛问他，他是不是也说过这样的话……既然还在乎妻子，而妻子又是一个不可多得的好妻子，就应该好好珍惜。

有的人说婚姻是爱情的坟墓，但是婚姻生活中的真爱才更为真挚和感人。只是它掩藏得比较深，需要我们多一倍的用心才能看到。泰勒博士告诉我们："在夫妻之间仅有无条件的爱是不够的。就像无论是学习还是工作，都必须有意义和快乐才能真正幸福一样。"

古人云："缘，源自圆，乃命中注定，即缘分。"在茫茫人海中，能够找到与你共度一生的爱人，这就是缘分。

> 婚姻是每个人一生中不可缺少的一部分，只有婚姻幸福，你的人生才更完美。珍惜婚姻，要有意识地去经营、保护好自己的家庭，这样才能享受幸福的生活。

10. 宽容是婚姻幸福的源泉

人非圣贤，孰能无过，爱人的一点点过错，与他身上吸引你的地方比较起来，又算得上什么呢？夫妻间又不是陌生人打交道，非要分得清清楚楚明明白白吗？难道真的能分清吗？"清官难断家务事"，夫妻间的争吵本来就没有对错之分。学会要用包容的胸怀去宽容爱人，给对方留一个自省的空间，这样的爱情才能成为一份永恒的爱。

有这样一对小夫妻，他们经常为吃苹果发生口角。

妻子吃苹果的时候经常将苹果皮去掉，因为她怕苹果皮上沾有农药不益于身心健康；而丈夫却认为苹果的大部分营养都在果皮上，如果将其削掉太可惜了，所以他吃苹果时总是连皮吃。妻子总说他不讲卫生，因此，常吃苹果，也就常吵。

前不久，又因为吃苹果的事情小两口竟闹到了他们的老师家，欲请老师来判断谁是谁非。

了解了事情大致情况后，老师对女的说："你丈夫吃了这么多年的带皮苹果，不还好好的，没有为此发生过食物中毒，也没有发生过其他的意外，不是吗？你担心什么啊？"老师又对男的说："你嫌你太太浪费，她削掉的苹果皮你吃掉不就行了吗？"老师还说："由于不同的家庭环境以及不同成长过程的影响，每个人的生活习惯会有所不同，因此，不要总把自己的意见强加于他人头上，勉强别人来认同自己的习惯，夫妻间多一些宽容才是最重要的。"听了老师的话，小两口茅塞顿开。

凡是和睦幸福的家庭，一定都能体会到宽容的微妙。在婚姻生活中，很多人吵嘴都是为了一些鸡毛蒜皮的小事，虽说不是什么大吵大闹，但是为了逞一时的痛快而吵闹不休，特别是家庭中的女人，得理不饶人。一次两次也许没什么，但是时间久了，也就厌烦了这种吵闹的生活，为家庭的和睦制造了隔阂。

有这样一则童话故事：一对清贫的老夫妇生活在乡村，有一天他们想把家中唯一值点钱的一匹马拉到市场上去换点更有用的东西。

于是老头子牵着马去赶集了，他先与人换得一头母牛，接着又用母牛去换了一只羊，再用羊换来一只肥鹅，然后又用鹅换了一只母鸡，最后用母鸡换了一大袋烂苹果。

当他处理完事情，扛着大袋子来到一家小酒店歇脚时，遇上两个人，闲聊中他谈了自己赶集的经过。两个人听后哈哈大笑，说他把事情办砸了，回去准得挨老婆子一顿揍。

老头子坚称绝对不会发生那样的事情，于是那两个人就用一袋金币打赌，如果他回家未受老伴任何责罚，金币就算输给他了。约定好后，三人一起回到老头子家中。

老太婆见老头子回来了，非常高兴，又是给他拧毛巾擦脸，又是端水解渴，老头子开始讲赶集的经过。

老头子也够诚实，毫不隐瞒地把全过程一一道来。

每听老头子讲到用一种东西换了另一种东西时，老婆子竟十分激动地予以肯定。

最后听到老头子背回一袋已开始腐烂的苹果时，她同样用赞许的口吻大声说：我们今晚就可吃到苹果馅饼了，并搂着老头子，深情地吻了他的额头……

那两个人看得傻了眼，自然输掉了一袋金币。

日常生活中，当有些人的婚姻出现问题时，当事人只会忙着追究对方的过错，而从没想过冷静下来，反思自己的不对。有时想想，即使追究了又如何？

从事心理学方面研究的专家认为，人是一种动物，他的生理特征决定了人在婚姻存续期间会有一个疲劳期出现，什么疲劳呢？就是视觉疲劳，心理疲劳。所谓的视觉疲劳，就是说面对一张熟悉得不能再熟悉的面孔，就会厌倦，失去新鲜感。心理疲劳，就是说在视觉疲劳的基础上，彼此已厌倦了付出，拒绝为对方付出，拒绝制造温情、浪漫。于是我们的婚姻就出现了问题。

夫妻之间最重要的基础是宽容、尊重、信任和真诚。即使对方做错了什么，只要心是真诚的，就应该重过程重动机而轻结果，这样才能有家庭的和睦。夫妻的恩爱、宽容是善待婚姻的最好方式，彼此理解对方的行事做法，没有过分的要求，也不抱怨，如此，爱的源泉必然生生不息，婚姻一定如童话般妙趣横生，和谐美满。

婚姻生活中，宽容是保持幸福生活的灵丹妙药，夫妻双方都多了一份宽容，生活也就更美好。

第五篇

客观地面对生活，幸福常相伴

生活中也许有很多曲折和坎坷，面对这些曲折和坎坷，我们要用一颗平常心去看待，踏实地面对生活，才会更轻松，更幸福。忘记过去，珍惜现在，积极探索幸福之路。

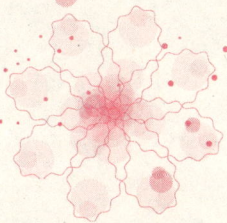

什么是幸福？不同的人会有不同的答案。

　　当你饥肠辘辘的时候，一桌丰盛的大餐就是幸福；当你饱受疾病困绕与折磨的时候，拥有一个健康的身体就是幸福；当你伤心流泪的时候，一声亲切安慰的话语就是幸福；当你长时间奔波于喧嚣的人流中，拥有一份自我的宁静就是幸福。当你吃腻了油腻的饭菜后，你会觉得偶尔的粗茶淡饭也是一种幸福……

1. 生命有限，不可过于贪婪

几乎人人都有自己的个性与特色，每个人都有一份值得自豪的优势与潜质，欣赏自己所拥有的，不要贪得无厌，否则，不仅身心疲惫，还会得不偿失。

有一个年轻人，每天轻松悠闲度日，他总认为，世界就在他的面前，只要活着，凡事都有可能发生。

在一个微风习习的清晨，上帝来到他身边。上帝问他："你有什么心愿吗？我都可以帮你实现，你是我的宠儿。但是，我只能帮你实现一个愿望，你想好了再告诉我。"

"可是，我有许多个心愿啊。"他非常不甘心地对上帝说。

上帝轻轻地摇了摇头，对他说："这世间，美好的东西实在太多，但是生命有限，没有人可以拥有全部，慎重地做出一个选择，永不后悔。"

年轻人听到上帝的劝告，十分惊讶地说："难道我会后悔吗？"

上帝说："命运掌握在自己的手里，你要做好选择，选择爱情就要忍受情感的煎熬，选择智慧就要接受痛苦和寂寞的考验，选择财富就有钱财带来的麻烦。这世上有太多的人，在选择了一条路之后，真正踏上这条路又后悔自己当初应该选择另一条路。你可要仔细想一想，你这一生真正想要的是什么？"

年轻人想了好久，他的思绪万千，脑海中形成了无数的幻想，所有的渴望都纷至沓来，使他一时间不知该如何做出最恰当的选择。哪个都不想放弃，但是又只能选择一个，这使他感到很为难。

最后，他对上帝说："让我想想，我再想想。"

上帝说："我的孩子，要快一点作出决定啊。"

从此，年轻人的生活变得不再平静、轻松了，而是变得复杂、沉重起来。他每天都在不断地比较和权衡。他用生命中一半的时间来列表，用另一半的时间来撕毁这张表，因为他总是发现生活中不断出现种种缺憾，需要去弥补。

就这样，时间在静静地流逝，一天又一天，一年又一年，他蹉跎了无数美好的时光，渐渐地，他不再年轻，而是日渐苍老。

又是一个和风习习的清晨，上帝来到了他的床前，看着愁眉不展的老头，上帝问他："你想了一生，难道还没有选择好你的心愿吗？现在你的生命只剩下5分钟了。"

"什么？"他惊讶地惨叫一声，回想起这么多年来，他没有享受过爱情的快乐，没有积累过财富，没拥有过智慧，自己渴望得到的一切都没有得到，心里感到后悔不已。

于是，他痛哭流涕地对上帝说："上帝啊，你怎么能在这个时候带走我的生命呢？请再给我5分钟的时间，让我仔细想一想，做出一个恰当的选择吧。"

上帝看着他，无语。

5分钟后，无论他怎么痛哭求情，上帝还是满脸无奈地带走了他。

贪婪的人总是希望得到更多的东西，这样的人总是不懂得满足，结果越是贪心十足，最后失去的越多，愚弄了自己。

古人云："达亦不足贵，穷亦不足悲。"一个人如果能够控制住自己的贪欲，就可以控住自己的心情，这不失为人生的一种极高境界。

有这样一则笑话：一个人路过一家金店，急匆匆地走进去，当着众人的面就开始往自己的衣袋里装金条，众人觉得此人太嚣张，就将他扭送到官府。县官问他为何如此大胆竟然当众偷东西，他却一脸的从容不迫："当时我的眼里只有金条，没有看到其他人。"

有一位猎人，他有一个屡试不爽的捉猴办法，他在墙中夹了一个竹筒，然后将一个鸡蛋放在竹筒的一端。猴子看见竹筒中的鸡蛋，就会伸爪子去抓，但是，当它的爪子握住鸡蛋时，便无法从竹筒里缩回来。由于猴子贪心十足，便舍不得放下爪子中的鸡蛋，只好束手就擒。贪婪之心是猴子足以害命的弱点。

同样的故事：有一天，一只狐狸发现一个葡萄园，看着水灵灵的葡萄，不禁垂涎欲滴。可是，外面有栅栏挡住，根本无法进入。狐狸眼望着诱人的葡萄，却一下子不能进入园中，急得团团转，后来，狐狸一狠心，绝食三日。减肥之后，狐狸再次走到栅栏前，钻进葡萄园内，饱餐了一顿，然后，心满意足地离开。但是，由于吃得太饱，钻不出去了。无奈之下，狐狸只好又饿肚三天，减肥之后，才钻了出来。

狐狸的故事颇像人生过程，人生下来的时候，两手空空，一生可能会得到很多东西，但是等到有一天撒手离去时，还是带不走任何东西。

> 生命有限，人生就如一条汇入大海的河流，既有源头，也有终点，无论人生的河流有多长，不要为自己得不到的东西所累，看得开些，就会洒脱地活出自己的人生。

2. 少抱怨，多接受，生活才幸福

在日常生活中，遇到不如意的事情时，不要抱怨，先学会思考，如何在这里面学习和成长才是重要的。如果每天都牢骚满腹，而不懂去改变其中负面的因素，那么结果只能是使身心受损，于事无补。

如果你对自己的能力做了过高的评价，并且觉得自己怀才不遇，并将原因归咎于运气不好的话，那么你大概就是那种只会抱怨上天不公平的宿命论者。这类人在生活中到处可见。

很多人常常这样抱怨说："公司根本就不了解我的实力"、"上司没有眼光，所以我再努力也得不到他的赏识"、"大家都无法欣赏我的能力"，而且那些人常怪自己运气不好。然而问题是，这真的是别人的错吗？这种人就像自己没有实力却怪别人没眼光的小说家一样。

有一个年轻人在一家公司上班，几年过去了，眼看着身边的一个个同事都得到了升迁，自己却一直得不到重用。为此，他异常苦闷，慢慢地对生活也失去了兴趣。

有一天，这个年轻人去问上帝："命运为什么对我如此不公？"上帝听了沉默不语，只是捡起了一颗不起眼的小石子，把它扔到乱石堆中。上帝说："你去找回我刚才扔掉的那个石子。"结果，这个年轻人翻遍了乱石堆，却无功而返。这时候，上帝又取下自己手上的那枚戒指，然后以同样的方式扔到了乱石堆中。结果，这一次，他很快便找到了那枚戒指——那枚金光闪闪的金戒指。上帝看了看年轻人笑了，虽然没有再说什么，但是他却一下子醒悟了：当自己还只不过是一颗石子，而不是一块金光闪闪的金子时，就永远不要抱怨命运对自己不公平。

现实生活中，有的人遇到了困难或者坎坷的时候，也会经常抱怨命运的不公，而不能回到现实之中，正视自己，冷静地审视自我。

在人生的道路上，曲折和坎坷必不可少，但是，这并不是苦难，而是恩赐，是上天对我们生命的考验和锤炼。生命的过程是美丽的，也是精彩的。面对不幸，面对潦倒，我们所要做的不是怨天尤人、自暴自弃，而应该是接受现实，从而不断捕捉生存的智慧，承受苦难，直面打击，最终将自己打磨成一块闪闪发光的金子。

有一位神父去拜访一位久未到教会做礼拜的教友。

教友说："教会的是非问题太多了，一堆人扯在一起，就喜欢说人的是非，我感觉非常累，我不喜欢这样的教会。如果教会不这样，是个单纯的地方，我就会去。"

神父没有办法，因为他自己也觉得教会的是非问题很多，而这个问题也持续了很久。

他沮丧地回来请教有经验的老神父。

老神父去找教友，教友又把他的话重复一遍："如果教会是个单纯的地方，我就会去。"

老神父听完一笑，问："你看到过这样的教会吗？"

教友想了想，摇头说："没有看过。"

老神父说："如果有的话，我劝你也不要去。"

教友疑惑地问："为什么？"

老神父答："你去也只是污染教会而已。"

对于生活中的许多不顺心的事，许多人的第一个反应就是抱怨。抱怨也并不是不好，但是，它容易令我们陷入负面的情绪中。

教友抱怨教会各种是非多，而事实也的确如此，但教会一定有其他的优点，一味地专注它的缺点，就容易因放大了缺点，而忽略了它的优点。

有的时候，人生很残酷，也充满了变数。如果生活中总是充满了欢乐，那当然是很美好的，我们也会欣然接受。但事情却并非如此，有时，它带给我们的会是可怕的灾难，这时如果我们不能学会接受它，反而让灾难主宰了我们的心灵，那生活就会永远地失去阳光。

生活中，面对不可避免的事实，一位著名的诗人曾经这样说："让我们学着像树木一样顺其自然，面对黑夜、风暴、饥饿、意外等挫折。"这不是逆来顺受，也不是不思进取，而是一种积极的人生态度。

接受现实，并不等于束手接受所有的不幸。只要有任何可以挽救的机会，我们就应该奋斗。当一个人凡事都怪运气不好的时候，则很难走出失败的阴影了。当我们发现有些事情已经不能挽回的时候，最好就不要再思前想后，要接受不可避免的事实，只有如此，才能在人生的道路上掌握好平衡。有的时候，我们只有接受并配合不可改变的事实，这样才能在人生之路上继续前行。

有的人总是把一切责任归罪于命运。那些宿命论者的内心大多非常灰暗、悲观，因此，幸运女神就会离他们越来越远。能够开朗工作的人，大多不会是宿命论者。如果你要相信命运的话，也请你往好的方面想，这样才能好运连连。若想杜绝抱怨，首先必须做的就是学会接受。

> 在人生的道路上，当你遇到无法改变的不幸或厄运的生活，要学会接受不可改变的现实。接受眼前的事实是克服任何不幸的第一步，即使我们不接受命运的安排，也不能改变已经发生的事实。我们唯一能改变的，只有自己。

3. 不要过于苛求自己

在日常生活中，认真可以让工作更出色，可以让生活更美好，也能让人生变得幸福和充实，认真的态度是每个人都需要的，不管是在工作中还是生活中。然而，我们却看到不少人认真得近乎偏执，对自己苛求过多，结果负担过重。

人生如戏，跌宕起伏，既有春风得意、高潮迭起的快乐，也有万念俱灰、惆怅漠然的凄苦。这就要看自己如何来导这部戏了。

有这样一个非常有趣且很有意义的故事：

一战时期，瑟玛·汤普森的先生驻守在加利福尼亚莫嘉佛沙漠附近的陆军训练营里，她为了和先生近一点也搬到训练营。那里的温度高达华氏125度，还有不停吹着的风，扬起的沙子弥漫着整个训练营，所以瑟玛·汤普森很讨厌这个地方。

丈夫突然被安排出差，她一个人待在一间小小的破屋里。又没有人可以说说话，加上燥热的天气，让瑟玛·汤普森简直无法呼吸，她觉得自己就快在这里死掉了。于是给母亲写信，告诉母亲，她真的无法忍受这里的一切，恐怕就要在这里窒息而死了……

她母亲给她的回信仅仅有两句话："在监狱中的两个人，他们同时从铁栏里往外看。但是，一个看见烂泥，另外一个看见星星。"

瑟玛·汤普森在一遍又一遍读过这两句话后，感到非常惭愧。为什么自己就不能是看到星星的那个人呢？

于是，她决心在这里好好地生活，做那个"看见星星的人"。

她主动和邻居打招呼，试着用英语和他们沟通，没想到他们为人很和蔼，他们表现得非常热情，很快瑟玛·汤普森就交到了很好的朋友。

他们把自己舍不得卖给游客的陶瓷器送给她当礼物。她当然视若珍宝，爱不释手。从此后，她不再感到寂寞，她独自欣赏仙人掌和丝兰使人着迷的形态；欣赏沙漠的落日；去300年前还是海底的沙滩上找贝壳。她越来越觉得这片土地是那么的神奇。

高温没有变低，风沙没有减少，但是瑟玛·汤普森却改变了，她不再被动地活着，而是主动地去生活。就是这一心态的变化，让她发现了一个崭新的世界，她对这一变化感到非常兴奋，更觉快乐不已，为了将这个崭新的世界记载下来，她写了一本书——名叫《光明的城垒》。

瑟玛·汤普森在书中写道："我从自己设下的监狱往外望，我找到了星星。"由此她得到了一个真理："最好的东西最难得到。"

将人生目标树立得很高，希望功成名就，成为塔尖上的那个人。可是，塔尖的容量是有限的，功成名就的名额总是屈指可数，于是，不免有人伤心，有人失落。

想要做到不苛求自己，首先要正确地认识自己、面对现实。一次，小李去外地参加一次会议，会议室在宾馆的五楼，因为电梯故障，与会人员不得不步行上下楼。一楼到五楼之间小李上下奔走了六七趟，他感觉浑身没劲，腿脚发麻。而同行的一位老先生却大气不喘，精神焕发。小李与他闲谈的时候，才知道他已经有八十高龄，是这次会议的特邀嘉宾。小李暗自佩服，这么大的年龄还有这么好的身子骨和精气神。当小李向他讨教养生秘诀时，老人谦虚地说："谈不上什么秘诀，我对什么事情都不苛求。"

当谈到自己的梦想的时候，老人说："我与世无争，不想当名人，更不想做什么明星，只想做个普通的文学爱好者。从30岁开始，当我明白自己所要的人生不过是清清淡淡一碗饭后，就放下了许多事情，让每天的生活闲不着，也累不着，早上散步，白天读书，晚上写点东西，从来都是睡得香也吃得香，生活很惬意。"

李白曾在诗中写道："人生得意须尽欢，莫使金樽空对月。"当自己生活在快乐中时，就要尽情地享受着快乐，珍惜你所拥有的一切；而当生活在艰难和不幸中时，也不要怨叹、悲泣，改变自己的心态，主动地迎接生活，这样，生活会变得轻松且精彩。

4. 把幸福当成一种习惯

人生在世，总是祸福相依，忧乐相伴，但是很多人却感觉不到这一点。这主要是因为这些人缺少"福眼"，"身在福中不知福"，看不到幸福。其实，幸福无时不有，无处不在。

现实生活中，只要你有一个温暖的家庭，就可以为你遮风挡雨；只要你有一份稳定的工作，就不会为吃穿担忧；只要你有一个知心的朋友，可以一诉衷肠。这些都是幸福。

幸福总是在平凡的生活中闪闪发光，就像刚熨平的衬衣散发出温暖的气息。因此，不要奢求更多，要知道人生不能完美，你可以有所追求，但是不要让自己变得贪婪，贪婪者总是与幸福背道而驰。你不能要求自己得到更多，得到更多你必定要为此付出更多，或者失去更多。

在一列火车的卧铺车厢中，有几个人正挤在洗手间里洗漱。经过了一夜的疲倦，隔日清晨通常会有不少人在这个狭窄的地方做一番洗漱。此时，很多人都疲惫不堪，神情漠然，彼此间也很少交谈。

不一会儿，有一个面带微笑的人走了进来，他愉快地向这几个人道早安，但没有人理会他。之后，他开始洗漱，嘴里还哼着小调。有一个人对他的举止感到不解，就问他："这么高兴，是不是有什么开心的事啊？说给我们大家听听。"

"是的，你说得很对，我真的觉得很愉快。我是把自己觉得很幸福当成一种习惯了。"

接着，是短暂的沉默。后来，在洗手间内所有的人都相互攀谈起来。此时，这些人已经把"我是把自己觉得很幸福当成一种习惯了"这句极富意义的话牢牢地记在心中了。

现实生活中，我们之所以感受不到生活的幸福，多半是为心中那些习惯性的不幸所致。心存不幸想法的人，真的会使事情变得很糟糕。而每一天的开始即心存美好期盼，会使幸福在你身边围绕。因此，如果来个思维转换，把幸福当成一种习惯，习惯于寻找和展现生活中的幸福的一面，那么你一定是一个幸福的人。

把幸福当成一种习惯。这句话看似简单，却具有深刻的哲理。这句话的意义是告诫世人设法培养愉快之心，并把幸福当成一种习惯，那么，生活将成为一连串的欢宴。

> 存不幸想法的人，会使事情真的变得很糟。而每一天的开始即心存美好的期盼，会使幸福在你身边围绕。将幸福当成一种像你每天都要刷牙的习惯一样，那么你的生活每一天都是清新的、幸福的。

5. 寻找**幸福**的钥匙

在当今物质越来越丰富的年代，很多人却感到幸福度越来越低。人们经常说要把幸福的钥匙攥在自己的手中，然而还是被种种欲望拘禁着，不能从痛苦中解脱。

从前，有一个年轻人，他总是感觉自己生活在无穷的烦恼之中。为了改变这种状况，这个年轻人就四处寻找解脱烦恼之法。

这一天，他来到一个树林旁边。他看见一头黄牛在悠闲地吃草，一个牧童骑在牛背上，吹着横笛，逍遥自在。年轻人看到了很奇怪，走上前去询问："你能教给我解脱烦恼的方法吗？"

"解脱烦恼？这很简单！你学我吧，骑在牛背上，笛子一吹，烦恼就跟着笛声飘向远方。"牧童说。年轻人试了一下，没什么改变，他还是感觉到十分烦恼。

于是他又继续寻找。走啊走啊，不觉来到一条河边。岸上垂柳成荫，一位老翁坐在柳荫下，手持一根钓竿，正在垂钓。他神情怡然，自得其乐。

年轻人走上前去，毕恭毕敬，对老翁说："请问老人家，您能赐我解脱烦恼的方法吗？"老翁看了一眼面前忧郁的年轻人，对他说："来吧，年轻人，跟我一起钓鱼，你就没有烦恼了。"年轻人试了试，还是不灵。当他坐下来的时候，他的心境依旧烦杂。

于是，他又继续寻找。不久，他遇到了两位在路边石板上下棋的老人，他们怡然自得，烦恼少年又走上去寻求解脱之法。

"年轻人，你继续向前走吧，前面有一座山，山上有个寺庙，寺庙的住持会教给你解脱之法的。"老人一边说，一边下着棋。烦恼少年谢过下棋老者，继续向前走。到了寺庙，他找到了寺庙的住持。

年轻人长揖一礼，向住持说明来意。住持微笑着摸摸长髯，问道："这么说你是来寻求解脱的？"

"对对对！恳请前辈不吝赐教，指点迷津。"年轻人说。

"有谁捆住你了吗？"住持问。

"没有。"烦恼少年先是愕然，尔后回答。

"既然没有人捆住你，又何谈解脱呢？"住持说完，摸着长髯，大笑而去。

年轻人听完住持的话，愣了一下，想了想，有些明白了：是啊，住持说得很对，又没有任何人捆住了我，我又何须寻找解脱之法呢？我这不是自寻烦恼，自己捆住自己了吗？

境由心造，要想过得快乐和幸福，就只能依靠自己。打开幸福之门的钥匙就握在我们自己的手中，没有人能够左右你的思想，如果你自己找不到生活的乐趣，别人也不可能帮上你什么忙，因为他不可能把自己的意志强加于你。

> 每个人的心灵都有一把锁，打开这把锁的钥匙在自己的手中。在人生的旅途中，当你疲于寻找幸福钥匙的时候，回过头来，你会发现幸福的钥匙就在你手中。

6. 忘记痛苦，感受幸福

日常生活中，苦难总是与我们形影不离，消极的人在苦难面前，只能感到绝望。同样面对苦难，积极的人就会有另一番感悟。

清明节假期到了，虽说假期并不长，只有3天，但是对于每天忙于工作的人来说，这3天弥足珍贵。公司的几个同事一商量，决定组织一次短途旅游。经大家反复讨论，决定去八达岭长城。

在去往长城的路上，公司的小李因为晕车，突然呕吐起来，因此他显得很沮丧，无精打采。他斜靠在座位上，使得原本愉快的旅程变得有些压抑。见到这种情况，刚才欢快的气氛一下子都没了，大家都沉默无语。这时，善于讲笑话的同事小张提议一人讲一个笑话来活跃气氛。

小张的提议被大家接受了。于是，大家便一个接一个地讲笑话，很快车厢内的气氛变得活跃起来，洋溢着欢快的笑声。就这样，在不知不觉中到了目的地。更让大家感到奇怪的是，在这段时间之内，小李再也没有那么痛苦，完全变成了另外一个人，好像他压根儿就不晕车。

这到底是什么原因呢？车的速度没有变，路途也没有缩短。那是什么力量让小李不再晕车呢？原来是小李的心情有所改变。

这不由得让我们想到了在我们人生的道路上，不也是经常遇到像小李晕车一样不愉快的事情吗？虽然，我们不能够改变既成的事实，为什么不用一种愉快的心情去对待呢？

治疗痛苦的最好的妙方便是去寻找生活之中令自己快乐的事情。快乐会让人忘记痛苦和烦恼。

南非前总统曼德拉曾说过："生命中最伟大的光辉不在于永不坠落，而是坠落后总能再度升起。"这种有弹性的生命状态让人欣赏。试想，舍弃浮华，放下包袱，轻松上路的时候，会有多么的开心与自在，这种简单与质朴就是人间最宝贵的快乐。人生短暂，一分一秒都应好好珍惜、享受。

> 什么是苦难，苦难就是让我们更加坚强，苦难就是让我们更珍惜生活。面对苦难，要学会忘记，只有忘记苦难，才能感受到幸福。

7. 财富不等于幸福

拥有财富不等于拥有幸福，但是幸福一定是财富。财富仅仅是能够带来幸福的一个因素，人们是否幸福，很大程度上取决于很多和财富无关的因素。例如健康的身体、稳定的工作、良好的婚姻及人际关系，等等。

在日常生活中，很多人都知道财富并不等于幸福，但都难以抵御财富的诱惑，有的人为了财富而犯罪，有的人在年老的时候才知道财富并不是生命的全部，还有的人至死都不忘对财富的追求。幸福的人生应该从对财富的理性认识开始。无论你在这座围城之内还是之外，只要有正确的认识，就会幸福终身。

也许很多人会问："什么会让你感到幸福？一所别墅、一辆跑车，还是更高的社会地位？"一位心理学家曾问过一个问题："既然我们这么富有，为什么我们还不开心呢？"在生活中，我们也会经常听到周围的人说："郁闷啊，郁闷。"为什么随着生活水平的逐步提高，却有很多人陷入苦闷之中呢？

读完下面这个故事，你也许会有所感悟。

在一个温暖的春天里，一位富翁来到海边散步，和煦的暖风吹在脸上，简直舒服极了。

当这个富翁漫步到海边的时候，他看到一个渔夫也在这里悠闲地晒太阳，就问道："你怎么不去打鱼呢？"

渔夫有些不解，反问："为什么要去打鱼啊？"

富翁说："挣钱买大渔船呀！"

"买大渔船做什么？"

"能够打更多鱼，你也能成为富翁。"

"成了富翁又怎么样？"

"那你就不用天天去打鱼，还可以幸福自在地晒太阳，那多好啊！"

"现在我不正在晒太阳吗？"

富翁无言以对。

在这个故事中，富翁和渔夫哪个更幸福呢？在日常生活中，每个人对幸福的理解、标准都不尽相同，所以，只要是自己认为快乐就是幸福。腰缠万贯不一定活得幸福，只要用心感受，粗茶淡饭也别有一番情趣。

现实生活中，有些人对财富的欲望是无限的，即使这些人已经相当富有，但他们却无法放弃对财富的追求，他们追求财富不是为了用金钱换取物质或者精神享受，而是为了有更多的财富。在财富面前，他们有些盲目，甚至不知道这些财富对他们来说有什么用。有的时候，整天忙于追逐财富也是要付出代价的，他们为了获得更多的财富，付出了那么多的代价，放弃了与亲人团聚的机会，有的甚至放弃了做人的良知和道德底线。

在我国历史上，不乏有名的商贾，有的甚至是富可敌国。晋商的乔家就是典型的代表。在当今的晋商研究著作和文艺作品当中，乔家也是文人墨客追逐的对象。乔家的成功，我们不可否认，但乔家的经商之道也存在不足。乔致庸在世的时候，乔家已富可敌国了，但他的一个儿子还不满足，在包头市场上做高粱"霸盘"，即企图通过垄断高粱的供给来获得更多的财富，结果被仇家杀死，为了财富而丧生，这样一点也不值得。对财富无止境地追求而带来烦恼和痛苦的人，比比皆是。

拥有金钱不一定幸福，这句话在某国的居民幸福指数调查中得到了很好的印证。有关人员在某国举行了一次关于居民幸福指数的调查，结果显示：农村居民幸福感强于城镇居民。这项调查涉及某国不同地区的17万人口。在调查中，一些大都市中的人们最郁闷，幸福指数最低，而乡镇的人们反而活得最幸福。在中等城市居民的幸福指数比预期的要高出一些，在国际性大都市居民的幸福指数则比预期的要低一些。

研究人员还发现，在不同文化背景下所做的幸福调查中，幸福与财富之间的关联性非常低，唯一的例外是在一些极穷困的地区。因此，有的专家认为财富只是缺少时才对幸福有较大影响，当财富增加到一定水平后，财富与幸福的关联性就很小了。

既然财富并不能使所有的人感到幸福，为什么还有很多人对财富如此迷恋呢？

对于那些生活在贫困线上的人来说，他们认为金钱可以让他们过上幸福的生活。然而，这种观点是片面的，人们一旦满足了基本的生活需要之后，就会有更高层次的需求。有意义的娱乐活动和丰富的人际关系才是幸福的主要源泉。幸福并不是拥有更多的物质享受，无形的财富更能让人感觉到幸福的存在，真正的幸福是懂得享受自己已经拥有的一切。

境由心生，只要你拥有一个快乐的心境，过着有意义的人生，就能提高生活的幸福指数。反之，即使你再富有，心灵没有阳光，也不会感觉到幸福的。

无论在哪种生活环境，只有当你觉得心情舒畅，精神充实，才会感觉到幸福。所以，我们的最终目标不是最大化财富，而是最大化自己的幸福。

8. 拿得起，放得下，幸福就在身边

日常生活中，我们常说一个人要拿得起，放得下。而在付诸行动时，"拿得起"容易，"放得下"难。所谓"放得下"，就是遇到沉重的心理包袱时，能把心理上的重压卸掉，轻松自如。

拿得起，放不下也是常有的事。拿得起容易，咬咬牙，就能"拿起来"，但要心甘情愿地"放得下"却并非那么容易。"放得下"，是一种心理状态，是处世哲学。著名学者季羡林的养生之道是"三不主义"，其中一条是"不计较"，这其中也包含着"放得下"的智慧。他认为"人生不如意的事十之八九"，总要想得开，以理智克制感情。

然而，现实生活中，让人放不下的事还真多。比如子女面临高考，家长的心就首先放不下；俗话说"男人有钱就变坏"，当老公发财的时候，妻子也会忐忑不安，放心不下；工作中做错事受到上级和同事指责，以及好心被人误解受到委屈，心里总有个结解不开。总之，这些人想这想那，心事不断，愁肠百结。长此以往，势必破坏了生活的节奏。

廖英是个十分幸运的小伙子。一天，他在无聊之际用4元钱买了两张彩票，他根本没有把它当回事，谁知却中了个大奖，这下可把他乐坏了。

领到奖金后，他顺便就买了一辆车，闲下来的时候就开着车出去兜风，每当人们看到他时，很远就能听到他那清爽的口哨声，这

时人们就知道，肯定是他开着那一尘不染的车子要经过林荫道了。

可好景不长，不幸的事情就在他身上发生了。一天下午，他按照往常的做法，下班后把车子停在了自家楼下，快乐地吹着口哨上楼了，可是当他第二天准备开车上班时，却发现车子被盗了。

他的几个好哥们儿知道以后，都为他伤心，知道他一向爱车如命，所以相约前去安慰他。当朋友们刚要敲开门时，便听到廖英家那震耳欲聋的音响声，大家以为他心疼车，精神上出了什么毛病，闯进他家的门就说："廖英，车子丢了就丢了，以后还可以再买，你可千万别想不开啊！急出什么病来，可是得不偿失啊！"

廖英听哥们儿这么一说，笑着说："多心了，你们以为我为了辆车急出了神经病吗？"朋友互相疑惑地望着。

他继续说："放心啦，我是闲着无聊，所以就消遣一下啦。你们会不会因为不小心丢了4元钱，而急出病来呢？"

一群哥们儿听到他这么说都开心地一起唱了起来。

豁达的人不会受苦闷摆布，相反，他们可以摆脱苦闷，他们的办法就是用乐观的心态去面对一切令自己不开心的事情。所以，他们的内心世界从来不会有黑暗的角落，而在别人眼里他们也永远是逍遥、乐观派。

现代人也许应该向古人学习，宠辱不惊，闲看庭前花开花落；去留无意，漫随天上云卷云舒。善于"放得下"，给心灵留白，才能给人生添彩。

拿得起，放得下是一种智慧，它教你怎样快乐地享受生命中的每一天，告诉你要将人生中不如意的事通通抛到九霄云外，快乐地迎接每一天。善于放得下的人才能体会到幸福。

9. 别让压力夺走幸福

在日常生活中，烦杂的琐事和压力让我们喘不过气来。如果让自己过多地承受压力，自然感觉不到幸福。

你知道吗？过多地承受心理压力，会让人加速衰老。有关研究人员说："如果我们感到压力，就应该认真对待，因为它可能会影响到我们体内的细胞。"研究人员还发现：那些照顾病人的家属，无论他们自己感觉到的压力是大是小，他们照顾病人的时间越长，对自身健康的影响也就越大。

在一所大学的教室里，心理学家正在给同学们讲课。心理学家举起一个水杯，问道："你们知道这个水杯有多重吗？"同学们的回答多种多样。

等同学们安静了下来，心理学家说："杯子有多重并不重要，重要的是你举杯的时间。举着杯子持续一分钟，即使杯子重500克，我想每个人都能做到。如果举一个小时，即使杯子只有30克，我想很多人的手臂都会感觉到酸疼的。那么，举一天呢？这就只能用疲惫两个字来形容了。同样的一个杯子，举的时间不同，结果也就不同。"

日常生活中，我们每个人都会有这样或者那样的压力，如果你一直将它扛在肩上，它会变得越来越重，迟早有一天，你会让自己崩溃。正确的做法是把它放下，先让自己休息一下，等到自己恢复了体力，你可以再次举起它。

有的时候，很多人总是抱怨周围的竞争太激烈，同时也是为自己的懒惰找借口。也有人总是认为自己面临的压力过大，自己的能力得不到展示。其实，对待压力的最好方法，就是知道它的存在，累了的时候就放下它，给自己一个养精蓄锐的时间。

当一个人的压力过大的时候，就很难保持冷静清醒的头脑。最近，小刘的工作任务没有完成，压力比较大，早上他刚刚踏进办公室的门，就气呼呼地说道："一大早坐公交就一肚子的气。"

为什么要生气？生气不仅让自己难受，而且一连几天都不开心，何必如此惩罚自己呢？愤怒使别人遭殃，但受害最大的却是自己。生气，就是用别人的错误来惩罚自己。让怒火肆意地燃烧，就等于是在耗费自己有限的精力。很多有智慧的人曾经反复地告诫人们，千万不要被愤怒左右。何必如此自讨苦吃呢？

有这样一个很著名的定律，叫酒与污水定律。定律的内容是这样的：假如把一杯酒倒进一桶污水中，你得到的是一桶污水；如果把一匙污水倒进一桶酒中，你得到的还是一桶污水。我们生活中的压力就如那一匙污水，如果不及时处理，就会让你身心疲惫。

如何处理生活中的压力就像运动员练习杠铃一样。在运动员训练的时候，为了增强腰部和下肢力量，教练经常让运动员练习杠铃。通过练习杠铃，运动员的腰部和下肢的肌肉会更加强壮，奔跑和跳跃的能力也就进步得越快。当然，教练在给运动员选择杠铃的时候，一定要注意杠铃的重量。杠铃的重量要因人而异，杠铃轻了，训练的效果不好；杠铃重了，运动员会受伤，结果会适得其反。

运动员的杠铃就像是我们要背负的压力，适当地背负一些压力，既能让自己得到很好的锻炼，也能促进社会的发展和进步。但是，如果压力过大，超过了自己承受的极限，就会使自己身心俱损，甚至彻底崩溃。当你感到实在承受不了的时候，要学会给自己减压。

一些痛苦的情绪和不愉快的记忆，如果充斥在心里，就会使人萎靡不振。在日常生活中，当你心烦意乱的时候，不妨让自己安静下来，不去想那些烦心的琐事。心灵就好比一个房间，不经常打扫就会落满灰尘，落满灰尘的心灵会变得迷茫。生活中，我们要经历很多事情，有开心的，有不开心的，这些事情都会在心里安家落户。随着心里事情的增多，心绪自然就会紊乱。所以，不管昨天发生了什么事情，也不管昨天的自己有多无奈，毕竟一切都已经成为历史，就让时间把所有的痛苦和烦恼都带走吧。现在你要做的就是打扫自己的心灵，使黯然的心变得亮堂，重新上路。

此外，我们也要正确地估量自己，最好不要去做自己力不从心的事情。一旦失败了，受到伤害的只能是自己，这无异于自讨苦吃。学会量力而行，该放就放，才能在轻松快乐的节奏中，享受属于自己的幸福人生。

愤怒以愚蠢开始，以后悔告终。如果不想让自己成为后悔的代名词，那就要学会减压，不要轻易愤怒。生命很短暂，为什么不用这短暂的一生去享受幸福的人生呢？

10. 不要**沉湎于过去的不幸**

生活对每个人都是公平的，有悲就有喜。与其沉湎于过去的回忆，患得患失，不如思考一下怎样做才能改变生活，这才是最重要的。

有位哲人说过这样一句话："沉湎于过去是最迅速的死亡方式。"沉迷于过去只能失去眼前的幸福。

很多年前，有两个孤儿，她们都有着亚洲血统，后来都被来自欧洲的慈善家庭收养。

两个人都在世界上有名的学校学习过。但是，长大成人后，她们两个人之间却存在着很大的差别：其中一位成了成功的商人，而且已经有了很大的名气；而另一个是学校的教师，收入不高，并且一直觉得自己做得很失败。

有一天，她们一起出去吃晚饭。在谈话中，话题慢慢地涉及了在国外的生活状况。吃饭的几个人都有过周游列国的经历，所以他们谈论在异国他乡的趣闻逸事，感觉很轻松。随着话题的一步步展开，那位学校教师开始越来越多地讲述自己的不幸：她是一个可怜的亚细亚孤儿，经历了太多的不幸和苦难，如何来到遥远的欧洲等，她觉得自己是孤独的，是被人抛弃的。

开始的时候，人们还表现出了同情心。但是，随着她的怨气越来越重，那位商人变得已经很不耐烦了。在忍无可忍的情况下，她把手一挥，制止了她的叙述："够了，你唠叨完了没有！你一直在讲自己有多么不幸。你有没有想过如果你的养父母当初在挑选孤儿的时候，没有选中你，你该怎么办？"

教师看着商人说："你不知道，我的痛苦是如何造成的……"然后就继续描述她所遭遇的不公正待遇和坎坷的生活。

最后，商人打断了她的话，说："我不明白你为什么还在这么想，在我二十几岁的时候，无法忍受周围的世界，我看不惯我周围的每一件事，我感觉每个人都不怀好意。那时候，我很伤心、很无奈，也很沮丧。我当时的状况和你现在一样。"

接着，她把话锋一转。说道："我劝你还是不要这样对待自己了，你是多么的幸运，你不必像真正的孤儿那样度过悲惨的一生，更重要的是你已经接受了非常好的教育。你负有帮助别人脱离贫困的责任，而不是找一堆自怨自艾的借口把自己围起来。以我自己为例来说，当我摆脱了顾影自怜，同时意识到自己是非常的幸运之后，我才能获得现在的成功。"

教师听了商人的话后，深受震动。因为这是第一次有人否定她的想法，打断了她的凄苦回忆。

商人和教师都曾经在生活中遇到过同样的障碍，但商人通过清醒的自我选择，把不利的因素转化为前进的动力，最后取得了成功，而教师却恰恰相反。

让过去的成为历史，继续前行。这个世界上，人类的很多的沮丧、痛苦和绝望都是因为沉湎于过去的伤害和问题。你越是在心里念叨着过去的那些事情，你越是感觉糟糕，那些事情会变得越沉重。让过去的成为过去，继续前行。

几年前，一块手榴弹片戳进了弗兰克斯少校的左腿。医生诊断后，认为必须做截肢手术。

听到这个消息，弗兰克斯痛苦不堪。他毕业于西点军校，在校时是棒球队队长。他曾下定决心终身从军，不过依照现在的情形来看，他的梦想将成为泡影，退伍才是唯一的选择。尽管他觉得自己具有很多东西依然可以贡献给部队，可是他也清楚地了解到受过重伤的军人很少能重回到战场上的，因为他们每年必须通过一次健康考核，而自己身有重残。每当想到这里，弗兰克斯就悲痛难忍。

弗兰克斯在痛苦中出院了，他望着自己曾经奔跑过的棒球场，为自己不能在棒球场上一展雄姿而流下了热泪。

有一天，弗兰克斯为了找回昔日的美好回忆，带着假肢登上了棒球场。在等候击球轮次时，弗兰克斯注意到一名队友滑进了第三垒。他想：假如是我，会如何呢？

轮到他击球时，他一棒把球击到了场中央。他挥手示意替其跑垒者让开，然后自己迈动僵硬的腿，痛苦地向前奔跑着。在第一垒和第二垒之间，他瞅见外场手将球抛向第二垒的守垒员。他闭上眼，使出全身的力气往前冲，一头滑进了第二垒。随着裁判的一声"安全入垒"，弗兰克斯开心地笑了。

几年后，弗兰克斯欲率领一个中队穿越恶劣的地形进行战地训练。可是，上司用疑惑的眼神看着他那条假肢，弗兰克斯没有因上司异样的眼光而自卑，而是用实际行动给予了肯定的回答。他说："每当我的假肢陷入泥泞时，我就叮咛自己：'这便是你无腿可站时的情形。'"

现在，弗兰克斯通过自己的艰苦努力已晋升为四星上将。他对自己的成功是这样说的："我的遭遇让我认识到：困难不分大小，完全取决于你的态度，你用消极的情绪去迎接困难，即使困难再小也显得很大；你用积极的情绪去面对它，再大的困难也不算什么。当你走出失去的阴影时，才能发现原来自己并非一无所有，只是失去身体上一个小小的部分，还有许多其他的东西可以供你好好地生活。"

有的人眼睛往往只看到自己当前所失去的东西，为此而沉浸在想得到却难以得到的痛苦之中。而积极乐观的人，他们只看到并珍惜现在所拥有的，所以他们能够充分地享受生活带来的快乐。要活得快乐，活得从容，就要走出失去的阴影，将精力放在所拥有的事物上，这样，无论在什么时候，都能感受到光明、美好和快乐的生活。

> 过去的已经成为历史，就让时间把过去的痛苦和悲伤尘封起来吧，倘若一直沉湎于过去，不但于事无补，还会失去眼前的幸福。

11. 不要为小事烦恼

现实生活中，当自己处在危难的时候，当自己面临死亡的边缘时，才会觉得人的一生是多么不容易。才会感觉平时的许多小事不值得烦恼。对个人的得失，更觉得不值得计较。成功者通过望远镜看人生，看到世间的伟大境界，失败者却用显微镜看人生，盯住一些小事不放。

人各有志，各有优先要务。有些人因为一些应该丢开和忘记的小事而烦心，结果浪费掉了许多美好的时光。回顾自己的一生，才发现有许多自己想要做的事情却没有去做，在深感遗憾的同时只能空悲切。

一些人常常被困在有名和无名的忧烦之中，有时会因为一件无关紧要的小事而大伤脑筋，累得团团转，结果往往因小失大，失去了大好的机会，还蹉跎了岁月。

有的人总是沉浸在过去的失败中不能自拔，其实，过去成功了并不代表将来还会成功；过去失败了也不代表未来还要失败。过去的成功或失败只代表过去，未来只能靠现在来决定。失败的人不要气馁，成功的人也不要骄傲。成功和失败都不是最终结果，只是人生过程的一个事件、一段经历。所以，不必计较曾经的得失，抛开这些事情的束缚，调整好心态，认真地做好眼前的事情才是聪明人的做法。

如果对一些琐碎细小的事情，给予了太多的关注，那么，这些微不足道的问题可能就会影响人一生的命运。

"法律不会去管那些小事情。"有一些人却偏偏整天思考着一些小事情，结果内心始终得不到平静。

有一位作家，在他写作的时候，常常能听到公寓附近烧开水的响声，蒸汽会砰然作响，然后又是一阵吡吡的声音，他被这种声音吵得快要发疯了。

但是后来，他的写作不再受这种小事的影响。他说："有一次我和几个朋友一起出去宿营，当我听到木柴烧得很响时，我突然想到：这些声音多像烧开水的响声，为什么我会喜欢这个声音，而讨厌那个声音呢？等我回到家以后，跟自己说：火堆里木头的爆裂声，是一种很好听的声音，烧开水的声音也差不多，我该埋头大睡，不去理会这些噪声。结果，我果然做到了：刚开始的几天，我还会注意烧开水的声音，可是不久我就忘记了，我能够安然入睡，也能够全神贯注地写作。"

人们总是把自己不喜欢的小事无限地夸大，结果弄得整个人很颓丧，失去了热情。其实，对于很多小事，不必太在意，而是能够放下小事，向着远方行进，终能够成就一番大事。

狄士雷里说过："生命太短促了，不能再只顾小事。"

安德烈·摩瑞斯在《本周》杂志里说："这些话，曾经帮我挨过很多痛苦的经验。我们常常让自己因为一些小事情、一些应该不屑一顾和忘了的小事情弄得非常心烦……我们活在这个世上只有短短的几十年，而我们浪费了很多不可能再补回来的时间，去愁一些在一年之内就会被所有的人忘了的小事。不要这样，让我们把我们的生活只用在值得的行动和感觉上，去运用伟大的思维，去经历真正的感情，去做必须做的事情。因为生命太短促了，不该再顾及那些小事。"

在一个山坡上，有一棵长了几十年的大树，岁月不曾使它枯萎，闪电不曾将它击倒，狂风暴雨不曾将它动摇，但最后却被一群白蚁的持续咬噬给毁掉了。人们有时不会被大石头绊倒，却会因小石子摔倒。

在人的一生中，最宝贵的是时间，不要浪费时间去为小事而烦恼。现实生活中，我们可能多次原谅自己的许多大错，但是有时却对某一个小小的失误而耿耿于怀。把宝贵的时间和精力浪费在区区小事上，这又是何必呢？

> 生活中的烦心事就像流水一样，连续不断地出现，面对这些烦心事，我们要学会淡忘，学会忘记，不要为这些小事而烦恼。

第六篇

抓住眼前的幸福

幸福在哪里？幸福在当下。过去的幸福已经成为历史，我们能把握住的只有现在的幸福。在学习和工作中寻找乐趣，抛开烦恼，开创属于自己的幸福。

什么是幸福？不同的人会有不同的答案。

当你饥肠辘辘的时候，一桌丰盛的大餐就是幸福；当你饱受疾病困绕与折磨的时候，拥有一个健康的身体就是幸福；当你伤心流泪的时候，一声亲切安慰的话语就是幸福；当你长时间奔波于喧嚣的人流中，拥有一份自我的宁静就是幸福。当你吃腻了油腻的饭菜后，你会觉得偶尔的粗茶淡饭也是一种幸福……

1. 不要把烦恼带回家

每个人都是有感情的，每个人都不可能天天快乐，因为要面对不同的压力，每天要处理不同的问题，难免就会有烦恼，难免就会不高兴。但即使你有天大的烦恼，请不要把烦恼带回家，请把它关在门外。

家，是每个人最温馨的港湾。现实生活中，我们的家也许不如别墅那么气派，但它温馨；也许不如宾馆那么豪华、整洁，但它舒适。不管我们在外奔波多么辛苦，只要回到家里，就会感觉到十分惬意。有的人在外面受了委屈，回到家后，没有约束，因而不是说话带刺发脾气，就是借题发挥打孩子，要不就是闷闷不乐，脸上阴云密布。因为一个人的烦恼而殃及全家，结果是怨气没有得到有效发泄，家中那份和谐也破坏殆尽。

布泽尔到一个朋友家做客，出了电梯，只见门上挂了一方木牌，上面写着："把烦恼留在家门外。"

布泽尔的心突然惊了一下，久久地思考着，不禁对这家人萌生了无限钦佩。因为这几个字蕴含着深奥的家庭哲理。

主人的家里气氛欢乐、和平，孩子大方有礼，一种看不见却感觉得到的温馨、和谐，满满地充盈着整个房间。

谈话间，布泽尔问及了那块方木牌，女主人笑着望着男主人："你说吧。"男主人笑了，看着女主人："还是你说吧，这是你的创意，你最有发言权。"女主人甜蜜地笑了，说道："这是我们共同的理念。"

接着她轻缓地说："这是我的座右铭，通过这我想提醒一下自己，作为女主人，有责任把这个家经营得更好，让家里人生活得快乐一些。但真正的原因，是有一次在电梯的镜子里，我看到自己的脸充满了疲惫，眼睛暗淡而无神……当时我感觉特别的难受。于是，我开始想，当孩子、丈夫面对这样愁苦的面孔时，感觉会好受吗？如果我面对家里人这样的脸孔时，心里会有什么样的反应呢？接着我想到孩子在餐桌上的沉默、丈夫的表情，这些都是由于我的原因，当时我吓出一身冷汗，为自己的疏忽而感到内疚……于是，在当晚我便和丈夫谈了这个问题，第二天就写了一方木牌钉在了门上来提醒自己……"

多么有智慧、多么可爱的女人。

天下的好与坏，幸与不幸，快乐和痛苦，常常是一枚硬币的两面，也许在一念之间的转换，就可以发现不一样的世界。而真正的幸福，最主要的还取决于一个人的思想，能不能审视、省悟自己的言行态度而有所改变，也全都掌握在自己的手里。

依赖、不负责任是人性中共有的弱点，很多时候，我们会经常把自己办不到的事，冀望别人能够做到，尤其是最亲近的人。表现在一个家里，就是每个人都希望身边的人尊重我、体贴我、了解我、对我好、给我方便，却往往忽略了"我"给这个家带来了什么。

实际上，在每个人的生活中，"家"是一个硬件，"人"是发挥各种功用的软件。如果每个人都把自己的烦恼与不快带进来，那么家也就失去了温暖，取而代之的就是愁云惨雾。

当然，这并不是说任何时候都"报喜不报忧"。互相分享，也互相分担，是家的功用之一；但分担的意义在于通过沟通以达到最好的目的，而不是绷紧没有任何表情的脸，将心中的怨气，毫无道理地扔给其他人，或是觉得别人做的始终是不对的。

沟通，对任何人而言都是绝对必要的，对家来说更是如此。有话坐下来好好地讲，这样别人才能知道你的想法，理解你的初衷，也帮你自己整理思绪、稳定情绪。最可怕的是什么事都埋在心底，却期望别人了解自己，一旦别人不明白自己的想法时，又萌生了失望而伤感，从而将怨气通过其他方面宣泄出来，结果把家弄得不再安宁。

家，应该是最舒服、安全、稳定、快乐的地方，但是，这些内在的境界绝不会自己产生，而是需要家庭每个成员一起努力共同经营得来的。家庭就如一份空白的存折，你把快乐存进去，收获的利息就是快乐；你把烦恼存进去，收获的自然是痛苦。

家是避风的港湾，为了让我们的家永远温馨，为了让我们的家人有个好心情，请你不要把烦恼带回家！

2. 有勇气面对无法改变的事实

世界首富比尔·盖茨给年轻人这样的忠告：许多残酷的事实，我们是无法逃避和无所选择的，抗拒不但可能毁了自己的生活，而且也许会使自己精神崩溃。因此，当你无法改变不公和不幸的厄运时，就要有勇气接受它、适应它。这样才能让自己走出黑暗的阴影。

在美国，有这样一位收藏爱好者。有一天，他从一家古玩店购买了一只上好的瓷碗，这只瓷碗精雕细琢，是不可多得的艺术品。这位收藏爱好者爱不释手，每天都要拿出来看了又看，擦了又擦。一天，他在观赏瓷碗时，一不留神没拿住，瓷碗掉在地上摔得粉碎，他非常难过，为自己的行为感到懊悔。从此，每天他都望着那堆瓷碗的碎片茶饭不思，人也越发地憔悴起来。转眼半年过去了，最终他因精力衰竭而亡。直到他咽气时，手上还紧紧地握着瓷碗碎片。

很多人能理解这位收藏爱好者的心情，在对他深表同情的同时，也很感惋惜，他在生命的最后时刻也没能明白这样一个道理：即使收藏者悲伤一生也不能够使破碎的古瓷碗再恢复原样。所以，在生活中如果发生了类似无法改变的事实时，就要有勇气去面对。

在欧洲的一个国家，有一座建筑于15世纪的古老寺院。在寺院中央有一块石碑，碑上刻着：既已成为事实，只能如此。俗话说："天有不测风云，人有旦夕祸福。"人生在世，生活中不尽如人意的事情谁都可能会遇到。世界上的有些事情是可以改变的，有些事情则是无法改变的，诸如亲人亡故、各种自然灾害的发生，既然已经成为既定的事实，你就要有勇气去面对它。只有敢于面对无法抗拒的事实，这样才能克服生活中所遇到的各种不幸。否则，只会让自己陷入无限的悲痛之中。

俄国诗人普希金说："一切都是暂时，一切都会消逝，让失去的变为可爱。"

生命有痛苦是正常的，但如果我们紧紧抓住痛苦不放，一味地悲伤，那就不正常了，因为那样的话，幸福就永远不会到来。在日常生活中，我们不得不承认：痛苦和悲伤伴随着我们一生，失恋了我们会悲伤，失业了我们会悲伤，亲人逝去我们会悲伤。因此，我们不可能避免悲伤，试图避免悲伤是徒劳的。其实，悲伤也并不可怕，关键在于我们如何从悲伤中解脱出来，并让它转化成一种更为积极的力量。

在一个偏僻的山村中，住着一位读书人，还有他的妻子崔氏。读书人老实忠厚，每日刻苦攻读，但运气欠佳，连续多次都名落孙山。他家境贫寒，没有收入来源，只得到山上砍柴度日。

连续几年过去了，崔氏跟着丈夫过着清苦的生活，渐渐地她有些不耐烦了，脾气也越来越坏，她从心里看不起丈夫那副穷酸的样子，对待丈夫的态度也变了，说话尖酸刻薄。读书人有口难言，只得默默忍耐。

一日，天寒地冻，大雪纷飞，读书人饥肠辘辘，被崔氏逼到山上砍柴。他以为多砍些柴草卖掉，买回米面，妻子就会高兴起来。谁知崔氏另有打算：她让媒婆为自己物色了新的丈夫——家道殷实的张木匠。读书人一进家门，崔氏就提出要他写下休书。读书人痛苦地请求妻子再忍耐一时，等他考中得官，日子就会好起来。崔氏却坚定地表示，即使他将来做了高官，自己沦为乞丐，也不会去求他。读书人见她全然不顾多年的夫妻之情，只好写下了休书。

不久以后，读书人的命运出现了转折，他考中进士，做了太守。崔氏得知心慌意乱，她想木匠怎能跟太守相比？太守夫人享的是荣华富贵呀！她决定去找读书人，不要现任的丈夫了。崔氏蓬头垢面，赤着双足，跑到读书人面前，苦苦哀求他允许自己回到他家。骑在高头大马上的读书人若有所思，让人端来一盆清水泼在马前，告诉崔氏，若能将泼在地上的水收回盆中，他就答应她回来。崔氏闻言，知道缘分已尽。她羞愧难当，精神失常。

读书人的妻子崔氏面对生活中暂时的困境没能与丈夫一起渡过，最终选择了离去，当读书人走上仕途以后，崔氏又为自己当初的行为感到后悔，当她被读书人拒绝的时候，又没有勇气面对，最终落得一个悲惨的下场。

无论欢乐或悲伤，一切都是暂时的。痛苦只是漫长人生中的短暂片刻，无论再怎么痛苦都会过去。我们所需要做的是，在黑暗中不要忘了光明，坚强地挺住，努力向前看，给自己多一份希望，勇敢跨越，要永远相信：自己就是拯救自己的那个人，是给自己创造奇迹的那个人。

任何人遇到不尽如人意的事情发生时，情绪都会受到一定的影响。对于那些已经存在的既定事实，当你无法改变它的时候，就要有勇气面对它、适应它，并乐于接受既定的事实。否则，一味躲在悲伤的角落自怨自艾，只会毁了你的生活。

3. 在工作中寻找乐趣

很多人都有这样的感觉，在做自己喜欢的事时，很少感到疲倦。比如，你喜欢打牌，当几个人坐在一起打牌的时候，也许整整坐了十几个小时，你也一点都不觉得累，原因在于打牌是你的兴趣所在，从打牌中你享受到了快乐。一个人如果产生了疲倦的感觉，那么就会对生活厌倦，或者是对某项工作厌烦了。这种心理上的疲倦感往往比肉体上的体力消耗更让人痛苦，让人心力交瘁。

日常生活中，很多人整天忙忙碌碌，总是感觉自己一直被工作驱赶着，身心十分疲惫。实际上，这些疲惫感并不是因为工作太多太忙，而是因为这些人对工作不感兴趣，没有找到工作中的乐趣。所以才会让工作变得越来越复杂，时间越来越不够用，身体也就越来越疲劳。

在国外，有一位著名的心理学家曾经做过一个实验。他把40个人分成两个小组，每组20人，让一组的人从事他们感兴趣的工作，另一组的人从事他们不感兴趣的工作。很快他就发现，从事自己不感兴趣的工作的那组人开始出现小动作，接着就是抱怨头痛、背痛；而另一组人正积极乐观地忙碌。这个实验提示人们：人们疲倦的原因往往不是由于工作本身造成的，而是因为产生于工作中的乏味、焦虑和挫折所引起的，这些东西消磨了人对工作的活力与积极性。

在通常情况下，除了睡觉的时间，工作占据我们人生大部分的时间。正常的一份工作，每天的上班时间超过 8 个小时。如果我们不能在这段时间得到快乐。实在是一件不划算的、痛苦的，甚至是悲哀的事情。对于自己所从事的工作，爱与厌，苦与乐，大都存乎一念之间。有人天天心情舒畅，把工作当享受；有人成天郁郁寡欢，抱怨自己的工作不好。工作带给你的是快乐还是享受，主要在于你对工作的态度。

想要干好眼前的工作，首先要做到热爱工作，找到工作的乐趣。有些人感觉不到工作的乐趣，仅仅看到了工作的压力和枯燥。只有热爱工作，善待工作，我们才能变得更轻松，变得更从容，进而有所成就！

工作和学习也很相似，在学习中找到了乐趣，成绩就会进步得更快。工作也一样。在工作中做出点成绩，自然可以增加你在工作中的满足感，自然可以提高你工作中的乐趣。

在工作的过程中，你必须时刻提醒自己，要对工作保持兴趣。有时候你必须强迫自己采取热忱的行动，这样你才能渐渐变得快乐起来。深入发掘你的工作对象，尽量搜集它的有关资料，研究它，学习它，和它生活在一起，这样做会在不知不觉之中找到快乐。

每个人从事的职业都不尽相同，不管你现在从事什么职业，你都应该抱着一种积极乐观的态度对待自己的工作，其实只要你仔细去寻找，总会在工作中找到乐趣。学会带着兴趣去工作，你就可以做得更好，从而成为一个快乐的工作者。

林肯说："只要心里想快乐，绝大部分人都能如愿以偿。"事实也正是如此，生活中，只要你愿意，就能寻找到乐趣。

其实，工作不仅仅是谋生的手段，也是生活的一部分，更是人内在的需要，是源自人性深处的一种渴望。所以，重要的不是你所从事的是怎样的工作，而是你是否在平凡的工作岗位上找到兴趣和快乐。当我们把工作看作事业而不仅仅是职业时，工作才会有乐趣！

在工作中学习，在学习中工作，因此工作是快乐的。快乐还源于自己在工作中的真诚投入，在投入中贡献着自己的力量，实现着自己的价值，成就自我，这种投入不仅仅是一种热情，更是一种实实在在的行动。

4. 自己创造幸福

人的一生会遇到一些意想不到的选择，从而会改变你的生活，改变你人生的轨迹。人最无奈的就是你永远也无法预知人生这趟列车行驶的方向，有时看似很顺畅，却有可能在某一个岔路口急转弯后偏离了方向，从而让你猝不及防。

一个年轻的小伙子正埋头走在路上，他正在寻找"幸福之神"。

他急匆匆地行走着，无心欣赏路边的美景，无心倾听树枝上的鸟鸣，对过往行人也全然熟视无睹。

这时，一个人拦住他问："小伙子，你要去哪儿，为何行色匆匆？"

小伙子回答说："我在寻找'幸福之神'。"

说完，他又匆匆上路了，头也不回。

转眼10年过去了，小伙子已成了中年人，可是他依然马不停蹄地寻找"幸福之神"。

一个人拦住他："喂，你在忙什么呢？"

中年人连头也没抬，回答说："我在寻找'幸福之神'，别拦着我。"

转眼10年又过去了，中年人已变得苍老，头发有些白了，脸上生了皱纹，可他还在不停地向前走，寻找着"幸福之神"。

这时，一个人拦住他，问："喂，寻找'幸福之神'的人，你找到幸福了吗？"

听完这句话，他猛然惊醒。原来这个与他三次擦肩而过的人，就是"幸福之神"。他苦苦寻找了一辈子"幸福之神"，可是"幸福之神"就在他的身旁。

同事之间一个鼓励的眼神，朋友对你会心一笑，家人对你的关怀，情人送你的礼物……这一件件令你感到幸福的事情，想起来，就足以支撑你的精神世界，就足以让你快乐一生。

快乐会积少成多，由量变到质变。坚持下去，你的胸怀、你的气度、你看问题的角度都会发生改变，你会成为一个令人羡慕的人。从现在起，每天找寻一件让自己快乐的事，一年365天下来，你就会找到365个快乐。

生活是美好的，而生命却又是那么短暂。我们应该学会珍惜生命，懂得满足，积极地面对一切，而那些曾经以为永恒的幸福，铭记于心的伤痛，都会随着时间的流逝，慢慢地淡化，一点点地遗忘。

想要让自己过上幸福的生活，除了积极的心态，还要靠自己去创造。有的人总是怨天尤人，这是在为自己找借口，一味逃避也不能使问题得到解决。幸福全靠自己的双手去创造，上天只会帮助有志者。

汤姆生长在美国的一个小村庄，正当大好青春年华的他却终日郁郁寡欢，觉得自己是世界上最不幸福的人。有一段时间，汤姆很苦恼。后来，他得到一位哲人的指点。哲人送给汤姆一盏灯，然后告诉他：这盏灯你可以使用两次，你想用它的时候，你就用手擦一下，它就会带你到人间天堂——幸福门。

汤姆回到家以后，他用手小心翼翼地擦了一下灯，眼前突然一亮，汤姆简直不敢相信自己的眼睛，呈现在他面前的是一派鸟语花香的景象。这里阳光明媚，野花盛开，归来的候鸟在树枝和花丛中歌唱，小溪踏着欢快的脚步流下山去。汤姆顿时心情舒畅了许多。这时候，一个天使出现了，天使对汤姆说："每个人的一生只能来两次，你要珍惜你的机会啊！"他还来不及表示感激，天使就消失了。天色很晚了，汤姆才恋恋不舍地离开了。

从此以后，汤姆对生活的态度发生了很大的变化。他一直牢记哲人的告诫，更不想轻易动用他剩下的一次机会。他知道他能够得到幸福，幸福就在前面等着他，汤姆决心尽自己的最大努力解决眼前的困难，不到万不得已的时候不擦这盏灯。让汤姆感到奇怪的是，在他的努力下，过去看上去难以解决的问题都迎刃而解。

经过几十年的不懈努力，汤姆成了著名的企业家。汤姆成功以后，又找到了那位哲人，感谢哲人对他的指点，感谢神灯赐给他的幸福。哲人笑了笑，接着说："你以为幸福是神灯给你的吗?其实，幸福全靠你自己去创造，上天只会帮助有志者。"汤姆半信半疑，说："是神灯带我来幸福之门后，我才有了今天的幸福。"哲人问道："你真的以为这里的风景同别处有什么不同吗?"汤姆愣住了，似乎是头一次认真观察眼前的峡谷，过了好长时间才恍然大悟。

我们所渴望的幸福只能依靠自己创造，只能从自己的身上找到。

> 如果你想得到幸福，不要奢望别人给你，那是不可能的。与其奢望别人给你幸福，不如自己动手创造幸福。

5. 梦想有多远，幸福就有多长

每个人的一生都会有许多的梦想，每个人都会有关于幸福的不同感悟。当一个人的愿望实现以后，应该马上为自己树立另一个新目标。这是追求人生幸福的动力和源泉。你要知道，当所有的梦想都实现的时候，往往也是最幸福的时候。

在瑞典南部的一个小城镇里，有一个叫帕克的男孩，由于从出生就失去了父母，他只能住在孤儿院里。从小就独立生活的帕克具有坚毅的性格。

为了改变自己的命运，帕克想考上一所好大学。

在学校里，帕克学习很刻苦，再加上老师的帮助，他的成绩一直很好。然而，由于没钱交学费，他不得不提前离开了学校。在他15岁那年，他从中学毕业了。然后，他便踏入社会，靠自己的双手谋生。

最初，帕克找到的第一份工作是在一家打字行做打字员。他在那里一直工作了3年。后来，那家打字行加入了工会。他的工资随之提高了，工作时间也缩短了。

在帕克工作的过程中，他结识了一个善解人意的女孩，叫珍妮。她愿意帮助自己的丈夫圆他的大学梦，但事情并不像想象中的那么容易。在他们结婚后不久，店里就开始裁员。于是，这对年轻的夫妇便决定自己去创业，他们拿出所有积蓄，自己注册了一个公司。为了充实他们那笔微薄的资本，珍妮甚至把结婚的房子都卖掉了。

在他们开业的前几年，生意很一般，由于二人经营有方，在随后的几年中，他们的生意越来越兴隆。于是，珍妮决心让自己的丈夫帕克去圆大学梦。终于，在帕克34岁的时候，他拿到了梦寐以求的学位和毕业证书。

帕克圆了自己的大学梦以后，他又回到自己以前从事的事业上，并成为太太的助手。不久，他们的爱情之花有了果实，他们的孩子出生了。这时，他们的房子显得有些拥挤。于是，他们又有了一个新的目标，他们想要购买一幢别墅。不久，他们也实现了这个梦想。

现在，这对夫妇也算是事业有成，从此以后他们可以轻松地享受生活了吧？可是他们没有。因为他们还有一个女儿需要接受教育。如果他们能把商业大楼的分期付款缴清，再把大楼整体出租的话，租金收入就可以为孩子的教育设立一个基金了。他们一心一意要达成这个目标，后来，他们终于做到了。

帕克曾对朋友说，他们夫妇目前正在为他们的退休保险金努力，现在自己单独主持事业，妻子珍妮则专心照顾孩子和家庭。

不难看出，帕克夫妇的生活虽然有些忙碌，但是很幸福。在他们的面前始终有一个梦想，他们的生活从不缺少一个明确的方向，是梦想指引着他们去努力奋斗。

现实生活中，许多人的生活迷迷糊糊，这是因为他们没有真正的梦想。他们的生活单调、无聊，过一天算一天，就如同做一天和尚撞一天钟。而那些生活中有梦想的人，也是那些从人生中收获最多的人，他们大都是警觉性高，积极等待着机会，机会一到便能马上捕捉到。

有一个职业经理人，年纪轻轻就做到了中层管理者。当别人问他是如何做到的，他说："一位成功的职业经理人要有一个长期的规划，你可以以5年为一个阶段。在第一个5年之内，你有什么计划，应该如何做。5年之后，再回过头来看看自己有什么收获，还有哪些需要改进的。如此这样下去，你的进步才会更快。"

日常生活中，随着生活状况的改变，每个人的梦想也不断发生变化。有时候会觉得在现实面前梦想总是不得不妥协的，但慢慢又会觉得也许不只是这样，也许变化的梦想是不够适合我们的，所以不如去想什么是自己感兴趣的，什么是自己最擅长的。做感兴趣的梦似乎才更容易梦想成真。梦想有时候可望而不可即，但坚持一下，也许突然而来的拐弯处就是幸福的所在。

追求人生幸福的要诀是：一个愿望实现之后，马上要为自己树立另一个新目标。在一步步实现目标的过程中，你的生活才会越来越幸福。

> 现实生活中，不可以没有梦想，没有梦想也就没有了动力，生活也就变得平淡无奇。我们的梦想会适时而动、见机而发，可以改变更可以实现。实现自己梦想的人是幸福的。

6. 把生活当成一种艺术

一个人来到这个世界时，他紧握双拳；离去时却松开了双手。生活中充满了奇迹和美丽，所以我们要热爱生活。

有一次，一个叫罗宾逊的美国游客到日本观光，他的导游说横滨有个很特殊的鱼市场，在那里买鱼是一种享受。罗宾逊和同行的朋友听了，都觉得好奇。那天的天气不是很好，但罗宾逊并没有闻到鱼市场刺鼻的腥味，迎面而来的是鱼贩们欢快的笑声。

在这个面积不大的鱼市场里面，每个卖鱼的小商贩都面带笑容，他们就像配合默契的棒球队员，让冰冻的鱼像棒球一样，在空中飞来飞去，大家互相唱和："啊，5条鲫鱼飞到川崎去了。"这里充满乐趣和欢笑，他们的生活十分和谐。

罗宾逊有些不解，他问当地的鱼贩："你们在这种环境下工作，为什么会保持愉快心情呢？"

鱼贩说，事实上，几年前的这个鱼市场本来也是一个没有生气的地方，大家整天抱怨，后来，大家认为与其整天抱怨沉重的工作，不如改改工作的状态。于是，他们不再抱怨生活的本身，而是把卖鱼当成一种艺术。再后来，一个创意接着一个创意，随之而来的是一串笑声接着另一串笑声。

时间久了，每个商贩的身手都不错，甚至可以和马戏团演员相媲美。这种工作的气氛还影响了附近的工薪族，他们常到这儿来和鱼贩交流，通过交流来改变自己的心境。有的主管还来这里寻找提升工作士气的办法。

鱼贩告诉罗宾逊，他们已经习惯了给那些不顺心的人排疑解难。实际上，并不是生活亏待了我们，而是我们期望太高以致忽略了生活本身。

有时候，鱼贩们还会邀请过路人参加接鱼游戏。即使怕鱼腥味的人，也很乐意在热情的掌声中一试再试，意犹未尽。每个愁眉不展的人进了这个鱼市场，都会笑逐颜开地离开。从鱼市场走出的每个顾客都面带微笑，手里拎着或多或少的鱼。

日常生活中，有快乐的事，同样也有不快乐的事。想要让自己更快乐，就要忘掉那些不快的事。其实，很多人都有这样的感受：很难忘记不快乐的事情。如果很难忘记，不如换个角度去看，或许当你从另外一个角度去看的时候，也许是另外一个结果。

平淡的生活慢慢地磨灭了我们的激情。很多人感觉自己越来越缺乏艺术家一样的敏感气质，越来越抱怨生活的无趣。当我们看到鱼贩们在充满鱼腥的鱼市里发现工作的乐趣，我们也可以在不变的生活方式中发现生活的快乐。其实，如果用心观察，你会发现，生活中的每一个细节、每一句话、每一丝微笑，都是如此美妙。只要你用心观察，你会发现生活中更多的快乐。

把生活和工作当成一种艺术，你才能发现其中的乐趣。同样一件事，你的眼光不同，它在你心目中的价值也就有所不同。如果你不能改变生活方式，那你就试着去改变自己的生活态度。生活对待每一个人都是公平的，关键是你的心态。

7. 幸福的起点无处不在

幸福的起点究竟在何处开始，人各有志，选择各有所不同，懂得生活的人才能够找到自己幸福的起点和人生的起点。

一位女大学生自愿在某医院担当一名义工。

有一天，她带着故事书和玩具到医院的儿童病房去慰问小朋友。

当她走进病房之后，一个下半身瘫痪的小女孩引起了她的注意，于是，她走到小女孩的床旁坐下，她问小女孩："小妹妹，你想听什么样的故事，姐姐给你讲。"

小女孩看着眼前这位姐姐，声音很清脆地说："我想听机器猫的故事，你给我讲吧！"

女大学生翻开故事书，声情并茂地讲起了"机器猫"的故事。当讲到机器猫有个无所不能的口袋后，小女孩突然对姐姐的口袋产生了好奇，她想看看女大学生的口袋，是否也像机器猫的那样无所不能。

女大学生看到小女孩那双充满期待的眼神，于是，把自己口袋里的东西全部掏了出来，当掏到最后一个口袋时，只掏出了两张5元钱的钞票，她有些不好意思地说："姐姐的口袋里并不像机器猫那样富有。"

小女孩抬起头，闪着一双漂亮的大眼睛对她说："姐姐，你很富有，虽然你没有很多很多的钱，可是你有一双完好、健康的脚啊，你能自由地在路上行走，可我不能，所以你比我更富有！"

听了小女孩的话，女大学生有些震撼，她从来没有因为自己拥有健康的身体而满足过，她总是认为这些都是她应该拥有的东西。

此时，她才感到拥有健全的身体是一件令人十分高兴的事。

她对小女孩说："你说得很对，姐姐确实应该为自己拥有健康而满足，我的确很富有。不过你也很富有啊！你有一双世界上最美丽、明亮的大眼睛，还有健全的双手。"

小女孩很开心地说："是的，以前我只看到自己那双残缺的腿，感到很不幸，却忽视了自己还有一双美丽的眼睛和健康的双手，后来感到自己也很幸运，很富有。"

不要将自己的人生目标制定得过于遥远，把生活的起点放得低一些，就可以体会到轻松快乐的真谛。

日常生活中，很多人一生都在追求幸福，可他们说自己从来没有得到过幸福。最初他们抱怨自己的工作环境不好，整天羡慕那些在城里工作的人。来到城市里工作以后，他们又抱怨社会不公，羡慕那些在政府部门工作的人。工作岗位调整之后，他们又抱怨自己没什么背景，羡慕那些大企业的书记、总裁。现在，当他们当上了领导以后，还是不高兴，丝毫感受不到自己的幸福。

有一个不幸的年轻人，在他幼年的时候，患上了侏儒症。随着年龄的增长，身材依然很矮小，行动十分不便。不久以后，年轻人的父母双双离去，他成了孤儿，生活更加困难。在世人的眼里，他是这个世界上最为不幸的人。

然而，这个年轻人丝毫没有不幸的感觉，他对生活充满热望，对人生充满追求。后来，他凭着坚强的意志和顽强的毅力学会了打字，接着学会了新闻写作和文学创作，凭着自己的双手和智慧出外创业。功夫不负有心人，年轻人很快就过上了幸福的生活，实现了自己的人生价值。

这个残疾青年不像其他人那样，每天都期盼着不可能实现的奢望，他靠着自己勤劳的双手维持生活，开创属于自己的一片天地，就觉得是幸福了。

真正富有的人，应该懂得健康是福的真正含义，生存的起点无论高低，拥有健康就是幸福人生的开端。幸福的起点很多，只要你认真去发现，从起点出发，不盲目追求，你就可以找到幸福。

8. 融入**生活**，远离**苦闷**

不要把自己置身于孤独的境地，独自一人在角落里偷偷哭泣，即使身处绝境，也要相信，活着就有希望，投入地活一次，才可以感受到生活的丰富与精彩。

物有盛衰，人有生死。不必为一时的低落，而把整个世界看成灰色，积极一些，才是人生应有的态度。孤独原本是人类的自然本性，但是极度的孤独或长期的孤独，或者使自己与别人隔绝，就是一个失败的人，一个失败的人生。

有一部叫《中锋在黎明前死去》的电影，主要讲了一个著名足球中锋，他曾经带领自己的球队夺得多个桂冠。后来，他被一位百万富翁看中，富翁以高价聘用他，但不是让他去踢球，而是让他和一位物理学家和舞蹈家一起，在富翁的豪华别墅里，作为一种"展品"出现在富翁的视线中，以满足富翁的虚荣心和占有欲。面对物质的诱惑，中锋决定离开球场，去豪华的别墅。从此以后，中锋虽然拥有优厚的待遇和高级的享受，但是却整天无所事事，后来，他逐渐无法忍受这种孤独的生活，最后，抑郁而死。

有人曾经说过："人之最根本的需要是克服分离，挣脱其孤独的牢狱。"

一位心理学家认为，真正的孤独往往产生于那些与外界没有任何情感和思想交流的人。事实上，不管你身处何地，只要你对周围的一切缺乏了解，与身外的世界无法沟通，你就不得不饮下孤独酿成的苦酒。

其实，无论身处何处，只要不脱离生活，热爱生活，包容生活，就能感受到活着的意义。

人的心灵似乎越来越脆弱。在熙熙攘攘的尘嚣世界里，好多人忙碌于名利和生计之中，没有足够的时间静下心来，好好地感受生活，与生活融为一体。因此，有的人虽然置身于川流不息的人流，却总感到很寂寞。

在繁闹的纽约市中心，有一对年轻的美国夫妇。他们曾经对这里充满了向往，可是居住了几年之后，渐渐地感觉到这里的生活就像一部运转的机器，虽然每天总是在忙忙碌碌地转着，却千篇一律地重复着。虽然他们经常能够观看到那些花样繁多的休闲娱乐项目，但也像麦当劳、肯德基等那些快餐一样，只能满足一时的胃口，过后很少会留下余香。

于是，夫妇二人决定离开这里的快节奏生活，去乡下放松一下。当他们开车到达一处幽静的丘陵地带，发现不远处有一个小木屋，木屋前坐着一个中年男人，那人一副悠然自得的神态。

年轻的丈夫走下车，问乡下人："你住在这样人烟稀少的地方，不感到孤单吗？"

乡下人看了他一眼，微笑着说："不！绝不孤独！我凝望远处的青山时，它总能给我一股力量；我凝望山中的峡谷时，每一片叶子都散发着生命的活力；我仰望着蓝天时，变幻的云彩勾起我无限的遐想；我听到潺潺溪水时，感到溪水在与我的心灵细诉悄悄话；狗把头靠在我的膝上，眼神中满是忠诚和信任；孩子们玩耍后跑回家，衣服很脏，头发蓬乱，却微笑着跑过来，亲吻我的额头；每当遇到困难或者伤心的事情时，温柔的太太总是把两只手放在我肩上，给了我好多鼓励。所以，上帝对我是仁慈的，我从来没有感觉到孤独。"

这绝对是一种最佳的回答。怀着从容与感恩的心态去品味生活中的一切，并和周遭的事物融为一体，轻松与幸福的感觉就在心中滋长，根本没有孤独感生根的机会。

一个人如果远离真实的生活，就会将自己与生活的基本接触完全隔开。其实，人们可以选择更多的方式去驱除内心的苦闷和阴影。

当遭到厄运的袭击时，不要把自己关在小屋里，郁郁寡欢，出去走一走，看一看外面的精彩世界，或者将自己的不悦说出来，不但可以缓解心理压力，而且也可以让自己的心情开朗起来。

9. 不要自寻烦恼

生活中，每个人都会遇到各种各样的烦恼，然而这些烦恼并不是完全来自外部，有的人总是自寻烦恼。

心理学家曾经做过这样一个实验，专家要求每个实验者在月初把未来所要烦恼的事记在一张纸上，然后投入一个箱子里。到了月末，专家在实验者面前打开这个箱子，逐一核对他们月初记录的每项"烦恼"，结果发现其中有90%的烦恼并未真正发生。接着，专家又要求大家把剩下的字条重新放入纸箱中，过了一个月后，再来寻找解决之道。一个月很快就过去了，专家和实验者打开箱子之后，发现那些烦恼也不再是烦恼了。

小丽和他的男朋友恋爱几年了，小丽天生丽质，她的男朋友年轻有为，在外人看来，他俩是天生的一对。

两人经过商量，准备在来年的春天结婚，共度漫漫的人生路。有一天早晨，小丽突然想到，即使男朋友真的这么爱自己，也难保不会出现第三者。她想到身边几对信誓旦旦的夫妻却最终分手的例子，不禁突发奇想，设计出一个奇特的方法来试探男朋友对自己的诚心。

第二天的早上，小丽的男朋友正在上班，突然接到了一个奇怪的电话，在电话的那端，一个娇滴滴的女声用充满诱惑的声音说："我是一位漂亮的女孩，以前一直暗恋着你，后来因为获得了一大笔财产，所以移居到了美国，最近才返回到香港，但一下飞机就想起了你，所以打这个电话，想跟你交个朋友。"

小丽的男朋友觉得非常奇怪，就询问对方的姓名，但那轻柔的声音却说道：

"如果我们今天共进晚餐，你就可以知道我是谁。"

他犹豫了片刻，就答应了。

于是，当夜晚来临的时候，小丽的男朋友穿着整齐，来到了一间高级餐厅，但他的面前并没有出现那个陌生的漂亮女孩，而是现在的女朋友——小丽。

那个陌生的女孩当然是小丽扮的，她的演技非常不错，声音的变化也很了不起，竟能让朝夕相对的男友都听不出来。而结果也似乎达到了预想的效果，成功让男友相信真有这么一个腰缠大笔财产的女孩，竟然远渡重洋回到香港盼望与自己结识。

但这可不是小丽所愿意看到的事实，与自己相处多年的男友仅仅在一个充满诱惑力的电话下，就迷失了自己。在她的脑海中，也许正涌现出一幅幅这样的场景：假如以后真有这样一个女孩，暗恋上了自己的男友，并长得漂亮又有钱，男友肯定会抛弃自己而投身到那个女孩的怀中。

相信无论小丽是否与她的男朋友交往下去，这段经历都将成为两人生活经历中一个抹不去的阴影。

在现实生活中，人们的烦恼大多数是自找的。当你用审视的眼光看待烦恼时，会不经意地发现，其实束缚住自己心情，令自己痛苦难堪的不是别人，正是自己。

其实，现代人最大的烦苦就是"庸人自扰"。这些人经常犯下"无病呻吟"的毛病，到最后，落得一个"自讨苦吃"的下场。

从前，有一个人总是以为自己得了癌症，便去看医生。医生问他哪里不舒服，他回答说没有。医生又问："你最近体重有没有减轻？"他也说没有。

"那你为什么觉得自己得了癌症？"医生忍不住这么问他。他说："书上说癌症的初期毫无症状，我正是如此啊！"医生哑然。

有的人在烦恼面前痛苦不堪，把自己埋进"灰色的情调里"不能自拔，以致沉沦、绝望；有的人则与此相反，在挫折和困境面前挺起腰杆，把聪明才智发挥得淋漓尽致，最终取得巨大的成功。

20世纪70年代，美国一个康复旅行团体在医生的带领下去瑞士旅行。在参观当地一位知名人士的私人城堡时，已满80岁高龄的主人依然精神焕发，风趣幽默。

医生对主人说："这些宾客都是来向您学习的。"这个高龄知名人士却说："各位客人来这里打算向我学习，真是大错特错，应该向我的伙伴们学习。我的鸟巴迪最懂得享受生活，即使食槽里吃的东西很多，它也会吃一会儿就停下来唱歌。我的狗莫利不管遭受多大的欺凌和虐待，都会很快地把这些痛苦抛到脑后，热情地享受每一根骨头。我的猫乌迪从不为烦心事发愁，如果它感到焦虑不安，它就会去美美地睡一觉。相比之下，人总是自寻烦恼，人不是最笨的动物吗？"

如果你将忧愁的事一遍又一遍地在脑中翻来覆去，就会像鞋带每天拉拉扯扯的磨损，迟早有一天将被扯断。想要让自己摆脱烦恼的束缚，唯一的秘诀是养成一种超然的态度，把心头泛滥的忧愁看作逝去的江水，不要任凭自己沉溺在里面。

成功在于自己，失败也在于自己。要想摆脱烦恼，关键要选择适当的武器去对付消极情绪，而这些，只能依靠你自己的力量。

每个人都是独立的个体，任何人不能代替另一个人经营人生，因此，我们只有以自己的方式歌唱生活，描摹生活的蓝图。那么，就让我们靠自己耕耘出具有自己特色的小天地，抛弃烦恼，谱写出令自己满意的生活乐章。

10. 把快乐进行到底，幸福就在身边

人生充满了希望与快乐，而生活的态度决定一切。你用什么样的态度去对待生活，生活就会以什么样的态度来回报你。你消极，生活就会暗淡；你积极向上，生活就会给你许多快乐，你就能摆脱困境。

一位朋友讲过他的一次经历：一天下班后我乘中巴回家。车上的人很多，过道上站满了人。站在我面前的是一对恋人，他们亲热地相挽着。其中女孩背对着我，女孩的背影看上去很标致，高挑、匀称、活力四射，她的头发是染过的，是最时髦的金黄色。她穿着一条今夏最流行的吊带裙，露出香肩，是一个典型的都市女孩，时尚、前卫、性感。他们靠得很近，低声絮语着什么，这位高个子女孩不时发出欢快的笑声。笑声引得许多人把目光投向他们，大家的目光里充满了羡慕，不，我发觉他们的眼神里还有一种惊讶，难道女孩美得让人吃惊？我也有一种冲动，我想看看女孩的脸，那脸上洋溢的幸福是什么样子。但女孩没回头，她的眼里只有她的情人。

后来，他们大概聊到了电影《泰坦尼克号》，这时那女孩便轻轻地哼起了那首主题歌，女孩的嗓音很美，把那首缠绵悱恻的歌处理得很到位，虽然只是随便哼哼，却有一番特别动人的力量。我想，只有足够幸福和快乐的人，才会在人群里肆无忌惮地欢歌。这样想来，便觉得心里酸酸的，像我这样从内到外都极为黯淡、孤鸿无侣的人，何时才会有这样旁若无人的欢乐歌声？

很巧，我和那对恋人在同一站下了车，这让我有机会看看女孩

的脸，我的心里有些紧张，不知道自己将看到一个多么令人悦目的绝色美人。可就在我大步流星地赶上他们并回头观望时，我惊呆了，我也理解了片刻之前车上人的那种惊诧眼神。我看到一张什么样的脸啊！那是一张被烧坏了的脸，用"触目惊心"这个词来形容毫不夸张！真搞不清，这样的女孩居然会有那么快乐的心境。

朋友讲完他的故事后，深深地叹了口气感慨道："上帝真是够公平的，他不但把霉运给了那个女孩，同时也把好心情给了她！"

其实，朋友的感慨未免有些偏颇，掌控你心灵的，不是上帝，而是你自己。世上没有绝对幸福的人，只有不肯快乐的心。你必须掌握好自己的心舵，下达命令，来支配自己的命运。

你是否能够对准自己的心下达命令呢？倘若生气时就生气，悲伤时就悲伤，懒惰时就懒惰，这些只不过是顺其自然，并不是好的现象。释迦牟尼说："妥善调整过的自己，比世上任何君王更加尊贵。"由此可知，"妥善调整过的自己"，比什么都重要。任何时候都必须明朗、愉快、欢乐、勇敢地掌握好自己的心舵。

有一个制造各式各样羊毛成衣的商人，由于经济不景气，他的生意大受影响，因此整天心情郁闷不乐，每天晚上都睡不好觉。妻子见他愁眉不展的样子，就建议他去看看心理医生，于是他前往医院去看心理医生。医生见他双眼布满血丝，明显心情不佳的样子，便问他："怎么了，是不是受失眠所苦？"羊毛成衣商人说："是啊！"心理医生开导他说："这没有什么大不了的！你回去后如果睡不着就数数绵羊吧，这样你的病就会好的，一定就会睡个好觉的。"羊毛成衣商人道谢后，离去了。

过了一个星期，羊毛成衣商人又来找心理医生。这次他的双眼又红又肿，精神更加不振了。心理医生非常吃惊地说："你是照我的话去做的吗？"

羊毛成衣商人委屈地回答说："当然是呀！还把羊都数完了，共三万多头呢！"

心理医生又问："数了这么多，难道还没有一点睡意吗？"

羊毛成衣商人答道："本来是困极了，但一想到三万多头绵羊有那么多毛，不剪岂不可惜。"

"那剪完不就可以睡了？"心理医生说。

羊毛成衣商人叹了口气说："但头疼的问题来了，这么多羊毛所制成的毛衣，现在要去哪儿找买主呀！一想到这儿，我就睡不着了！"

做人做事，想得长远一点不失为一件好事，但有些事想得太远，就成了无休无止的压力，烦恼自然也就跟随而来。不要挂念太多不该挂念的事，不要把有些事想得太远，这样才能心静，才能快乐。

有一个人夜里做了一个梦，在梦中他看到一位头戴白帽，脚穿白鞋，腰佩黑剑的壮士，向他大声叱责，并在他的脸上吐口水……于是他从梦中惊醒过来。次日，他闷闷不乐地对他的朋友说："我自小到大从未受过别人的侮辱。但昨夜梦里却被人骂并吐了口水，我心有不甘，一定要找出这个人来，否则我将一死了之。"

于是，他每天一起床便站在人潮往来熙攘的十字路口寻找这梦中敌人。几星期过去了，他仍然找不到这个人。

人常常会假想一些敌人，然后在内心累积许多仇恨，使自身产生许多毒素，结果把自己活活毒死。

你是不是心中还怀着一股怒气呢？要知道这样受伤害最大的是自己，何不看开点儿，放自己一马呢？别忘了，莎士比亚曾告诫我们："使心地清净，是青年人最大的诚命。"

快乐是自己的事情，只要愿意，我们可以随时调换手中的遥控器，将心灵的视窗调整到快乐频道。

11. 在快乐中**忘却烦恼**

在日常生活中，如何在烦躁中为自己注入快乐的元素呢？保持快乐的心境可以减轻你工作的压力，更利于创造出好的成果。少一份烦恼，就多一份快乐。正如拿破仑·希尔所说："忘却烦恼，学会让自己快乐。"那么，怎样才能让自己快乐呢？

生活得快乐与否，完全决定于个人对人、事、物的看法如何。如果你想的都是快乐的念头，你就有可能拥有快乐；如果你想的都是悲伤的事情，你就会情绪低落；如果你想到一些可怕的情况，你就会担心害怕；如果你想的全是失败，你就会失败。是的，让自己快乐的一种方法是你应该有着快乐的念头。钱不用多花，你有一种快乐的点子，也能找到快乐。

一天晚上，闲暇无事，一个朋友散步走到了天桥边，看到一个小伙子正吃力地背着一个姑娘上天桥，额头上已经渗出细密的汗珠。这位朋友赶忙过去帮着搀扶，并且问那个小伙子："她生病了吧？我帮你叫车送医院。"谁知道那个小伙子竟然没有理这位朋友。

到了天桥上，那个姑娘大笑起来，小伙子也忙向这位朋友道歉："对不起，谢谢你的好心，我们在玩游戏。""什么？"这位朋友当时真的是很尴尬，还有些愠怒，甚至觉得自己太傻了。

姑娘好半天才停止笑，对朋友说："今天是我们结婚三周年纪念日。他没有钱，我不要他买什么礼物，但他有力气，所以我要他背我上天桥，才背了两个来回，就累了，将来结婚20周年，我让他背20个来回，累死他那把老骨头……"姑娘趴在小伙肩上又笑了起来。

那姑娘长得非常平常，没有什么能吸引人们注意的地方，但此刻，她却被宠得像个娇贵的公主。

很多人都这样认为，浪漫必定和鲜花、烛光、音乐相连，却不知道世上还有这样一种别致的不用花钱的浪漫。

快乐是生活的一种调味品，没有人不喜欢快乐，无论是年轻人还是老年人，无论是富人还是穷人，只是表达的方式各有不同，但有一点是相同的，那就是都能表达一种快乐的情感。

让自己给自己营造快乐还有一种方法，那就是在生活中添加一些幽默因素。

新婚燕尔，新娘对新郎说："今后咱们不要说'我的'了，要说'我们的'。"新郎去洗澡良久不出，新娘问："你在干什么？亲爱的。"新郎回答："亲爱的，我在刮我们的胡子呢！"

这位风趣而调皮的丈夫把幽默引进了夫妻之间的谈话，无意增添了快乐的气氛。幽默感是一个人以言语或行为表现的生动有趣的心理活动，在夫妻相处时，它能在郁闷时冲淡双方的不快。

欢乐是增加彼此愉悦的润滑剂。可以想象，整日正正经经绷着脸孔度日是何等的枯燥无味，生活的小幽默倒会给平淡的家庭生活罩上一层奇丽的色彩，使夫妻之间的感情得到巩固和升华。

由此看来，在日常生活中适当添加一点幽默，就会为我们的生活添加一分美丽的色彩，也让烦恼离我们远去。

演讲大师乔治·凯曾经讲过这样一段体会：他的父母很乐于帮助别人，但他们家里很穷，已经是债台高筑。虽然穷，他的父母每年仍然尽量想办法送点钱到孤儿院去。那是设在爱荷华州的一座基督教孤儿院。他父亲和母亲从来没有到那里去过，或许也没有人为他们所捐的钱谢过他们（除了写信），可是他们所得到的报酬却非常丰富，因为他们得到帮助孤儿的乐趣，而且并不希望或等着别人来感激。

乔治·凯离家以后，每年的圣诞节总会寄一张支票给父母，让他们买一点比较奢侈的东西。可是他们很少这样做，当他每个圣诞节前几天回到家里的时候，父亲就会告诉他去买一些煤和杂货送给镇上一些"可怜的女人"——那些有一大堆孩子却没有钱去买食物和柴火的人。他们送这些礼物时也得到很多的快乐——就是只有付出，而不希望得到任何回报的快乐。

乔治·凯相信父母有资格做亚里士多德理想中的人——最值得快乐的人。

"理想的人，"亚里士多德说，"以施惠于人为乐，却会因别人施惠于他而感到羞愧。因为能表现仁慈就是高人一等，而接受别人施惠却代表低人一等。"乔治·凯说："如果我们想得到快乐，就不要去想被感恩或忘恩，只享受施与的快乐。"

"现在，让我们为我们的快乐来制订一个建议性的计划，为我们的快乐而奋斗吧。它的名字叫'只为今天'。这种计划非常有效，可以复印几千份送给别人。"西贝儿·派屈吉这样说道，"如果我们能够照着做，就能消除大部分的忧虑，大量地增加生活上的快乐。"

"有了快乐的思想和行为，你就能感到快乐。"在快乐中，你的生活便会丰富多彩；在快乐中，你的生活便会美丽动人。

快乐是烦恼的"克星"，在快乐面前，一切烦恼都显得很渺小。每个人都应该学会快乐地生活。生活快乐可以远离烦恼，生活快乐可以让自己更幸福。

第七篇

用心去感受幸福

什么是幸福？幸福在哪里？幸福离你有多远？这些都需要我们用心去感受。当幸福在你面前的时候，你是否真的用心去感受过？当幸福即将离开你的时候，你是否用心去痛苦过？当你得到属于自己的幸福时，拿出你的真心，用心去感受这一点一滴的幸福。

什么是幸福？不同的人会有不同的答案。

　　当你饥肠辘辘的时候，一桌丰盛的大餐就是幸福；当你饱受疾病困绕与折磨的时候，拥有一个健康的身体就是幸福；当你伤心流泪的时候，一声亲切安慰的话语就是幸福；当你长时间奔波于喧嚣的人流中，拥有一份自我的宁静就是幸福。当你吃腻了油腻的饭菜后，你会觉得偶尔的粗茶淡饭也是一种幸福……

1. 平安**就是幸福**

在人的一生中，总要经历许多曲折、坎坷和磨难。在大自然面前，人类也显得很渺小。自然界的风霜雨雪考验着人们；火山、地震、台风、泥石流等自然灾害严重威胁着人们。然而不仅如此，生活中还有各种各样的悲剧始终在不断地上演着，战争、犯罪、疾病、饥饿、毒品、交通事故，人为的祸患层出不穷，无时无刻不在夺走我们永远不愿失去的安宁。这些天灾人祸都严重威胁着人类的生命和健康。

在短暂的一生中，每个人都渴望在事业上有所成就，都渴望创造出自己生命的奇迹？一个人最可恨的是做事轻率，最可怜的是无知，最可贵的是热爱生活，它是人一生中最美的风景。当你尽情地享受生活的时候，当你品味着工作中的乐趣时，当你沐浴着阳光感悟人生的精彩时，你是否想到了保护生命的护身符——平安。

2008年5月12日，汶川遭受了巨大的创伤，一场大地震夺走了许多人的生命。很多幸存者都感到能够活下来真是幸运，同时也感觉到了平安是多么珍贵。活着真好，活着就是最美的幸福。对于大多数人来说，生命都会从始至终，寿终正寝，这是大自然的规律，我们无法改变。而从另一种意义上说，当生命一旦遇到变化，生命脆弱的本质体现出来的时候，能平安地活着本身就是一种最大的幸福。

在日常生活中，不要因为没有经历过生与死，就把活着当成理所当然。实际并非如此，因为这个世界充满了变数，能平安地活着本身就是一种幸福，因此我们应该感谢上苍。

在汶川大地震期间，有一位男子在地震的废墟中掩埋了几十个小时，当搜救人员找到他的时候，发现他还有气息，救援人员马上尽全力对他进行救援。在救援的过程中，搜救人员遇到了麻烦，巨大的水泥板压在他的一条腿上，在这块水泥板之上是一栋摇摇欲坠的危房，如果径直拉出这位男子，那座危房就可能会倒塌，这会对危房里其他还有生命迹象的人造成破坏性的毁灭。男子的妻子一直守在他的身旁，对救援人员哭喊着："求求你们，行行好，救救他！"

后来，搜救人员经过商量，决定把这名男子的一条腿锯掉，这样就可以救出更多的幸存者。经过进一步地搜救，在这栋楼的废墟中还救出了几位老人和女人。只是，那名男子被当场被锯掉了左腿。当然，这名男子也被成功地救出。

当有的媒体再次去采访这名男子时，妻子一边给他按摩身体，一边陪他说话。她的脸上一直面带笑容，看不到任何痛苦。她说："哪怕失去了一条腿，可只要他还平安地活着，对我来说就是最大的幸福。"

难怪海明威在飞机失事、死里逃生后读到关于自己的讣告时说："一个人有生就有死，但只要你活着，就要以最好的方式活下去。"

在现实生活中，还有什么能比在灾难中平安地渡过危难更重要、更美好呢？生命是极为美好的，处在平安之中的我们却常常忽略了这一点。而那些真正与死神擦肩而过的人，才能感悟这其中真谛，平安是无价的。

很多人追逐大富大贵、大红大紫、纸醉金迷、灯红酒绿，这些都是一时的"辉煌"，只有平平安安、愉快祥和，才是生活的本质。平平安安是生活赐给每一个人的最好礼物，平安就是幸福。高高兴兴上班，平平安安回家，那不仅是你一个人的事，同时还寄托着一个家庭的企盼和思念。

今天我们平安地活着，沐浴着阳光，春风轻轻吹拂着我们，自由地做着自己想做的事，难道不是最大的幸福吗？

> 当你在自己的工作岗位上忙碌的时候，你的父母、妻子和孩子正期盼着你平安归来。珍惜生命和健康，享受平安带给我们的快乐和幸福。

2. 态度决定幸福

幸福是什么，不同的人有不同的理解。有句话说得好，态度决定一切。想要真正获得幸福，就应该保持正确的生活态度，不好高骛远，不贪得无厌。人的一生或多或少都会面临彷徨和磨难，在人生的一道道坎儿中，积极面对生活中的种种不如意，才能感受到真正的幸福。

钱钟书先生在他的作品《围城》中讲过这样一个有哲理的故事。天下有这样两种人，在这两种人吃葡萄的时候，一种人挑最好的先吃；另一种人把最好的留在最后吃。但两种人都感到不快乐。先吃最好的葡萄的人认为他的每一颗葡萄越来越差。第二种人认为他每吃一颗都是吃剩下的葡萄中最坏的。

这是为什么呢？原因在于第一种人只有回忆，他常用以前的东西来衡量现在，所以不快乐；第二种人刚好与之相反，同样不快乐。

现实生活中，你觉得自己很幸福，你就是幸福的，因此幸福由心而起。你的幸福在别人眼里不一定幸福，你也体会不到别人的幸福。幸福也是相对的。此时的幸福在彼时会显得平凡无奇；彼时的幸福在此时也感觉不到。

既然已经吃到了最好的葡萄，有什么好后悔的；留下的葡萄和以前的相比，都是最棒的，为什么要不开心呢？珍惜自己所拥有的，生活就会过得坦然、洒脱、幸福并快乐。

在美国，有一位著名的精神病学医生，因为他临床经验丰富，医术高超，受到医学界的广泛好评。在他退休后，撰写出了一本医治心理疾病的专著。这本书足有1000多页，书中有各种病情的描述和药物、情绪治疗办法。

有一天，他受邀到一所大学讲学，在课堂上，他拿出了自己的著作，对学生说："这本书有1000多页，里面有治疗方法3000多种，药物10000多样，但概括地说，这本书的内容只有四个字——如果，下次。"

在下面听课的同学一头雾水，都不知道是什么意思。他解释说，造成自己身心疲惫的罪魁祸首就是"如果"这两个字，"如果我考上了名牌大学"、"如果我考上了公务员"、"如果我中了500万"……

医治的方法有很多种，但最有效的办法只有一种，那就是把"如果"改成"下次"，"下次我一定要好好准备"、"下次我不会放弃所爱的人"……

影响一个人幸福指数的因素不是物质的丰裕与否，而是一个人的心境。如果把自己的心浸泡在后悔和遗憾的旧事中，痛苦必然会占据你的整个心灵。

一天早晨，一家人正围坐在桌子旁边吃饭，儿子不小心把汤洒在了爸爸的衣服上，爸爸很生气，骂了儿子一通，又指责了妻子，然后生气地回房间换衣服。在他下楼的时候，他发现儿子坐在凳子上哭，不吃早饭，妻子也满脸难过……

当儿子吃完早饭，离上学时间已经很近了，当爸爸把儿子送到学校，儿子已经迟到了10多分钟；等他赶到单位上班，又发现自己的文件忘在家里，等他开车回家取回时，自己也迟到了。

经历了倒霉的一天，他一点也高兴不起来。晚上回到家里，看到儿子和妻子的满脸愁容，他感到家里充满了忧伤的氛围。如此糟糕的一天，是谁造成的？毫无疑问，是他自己！是他的态度。设想：如果早晨他不骂儿子，他的儿子就不会哭着不吃早饭了；如果他不去指责妻子，妻子也不会满脸愁容；如果不是他的愤怒，文件也许就不会忘在家里了……

其实，只要他改变一下自己的态度，事情也许就不会这样糟糕。可见，糟糕的事情，往往都是态度决定的。追求幸福的生活，是我们每一个人的目标。幸福的生活，关键还是自己的态度。

贝多芬曾经这样说过："你的生活并非由生命所发生的事情来决定，而是由你自己面对生命的态度、与你的心灵看待事情的态度来决定。"不论怎样，我们都在追求着自己的幸福，每个人都有自己独特的人生。我们没法改变自己的人生，但可以改变人生观；我们无法改变环境，但可以改变心境。

在现实生活中，只要心里充满阳光，你就感觉不到阴影；心存幸福，你就永远幸福。态度决定幸福，只要我们用积极的态度去追求自己的幸福，相信幸福总有一天会降临的。

3. 幸福就在你身边

什么是幸福？只要你仔细发现，幸福就在你身边。

对于普通人来说，有一份称心的工作，有一个温暖的家庭，有健康的亲人在自己的身边，这就是幸福。

孩子说："幸福就是一早起来，就看到明媚的阳光，因为我喜欢温暖明亮的阳光。"老人说："幸福就是吃完饭后，可以慢慢地散步一下，因为那份休闲让我感受到生活的快乐。"烦恼的人说："幸福就是不开心的时候有人可以倾诉，因为有朋友，我感觉到人生的路上有很多陪伴我的灯。"

然而现实的残酷让很多人感觉不到幸福，经历苦难之后的幸福才更显珍贵。

在小兰很小的时候，因为淘气，她从炕上摔下来，脖子陷进胸腔里。从此，她的下颌总被推出30度，她只能抬头。到了上学的年龄，她上学了，同学笑她。她哭过。勉强读到高考了，没有学校能要她，她只有放弃。她也哭过。

小兰别无选择，只好回乡下帮助父母种田。在学插秧的时候，为了把那秧苗插进田里，她必须把腰弯了再弯，脸几乎都快贴到膝盖了，才能让眼睛找对那个角度。

后来，小兰学会了电脑，开始给别人打字。接着，她学会了写诗，她的诗中到处是高天与鸟飞的痕迹。

再后来，她有了一份很体面的工作，那份工作是为许多诗人、作家策划出版图书。她成了一位非常受欢迎的出版社编辑。

　　小兰的人生经历被人当作传奇。她抬着头，微笑着说："其实我非常感谢命运给我的这颗永远不会低下的头。"

　　在小兰的人生之路上，她无法低头，只能抬头，因此，她永远不再想屈服。我们能改变的是苦难本身，而能够享受的，却是在苦难中挣扎着站起来的双倍的幸福。

　　在现实生活中，幸福无处不在，关键在于你如何去发现。幸福是一家团聚，快乐地共进晚餐。幸福存在于现实，而不是未来的遥远期望。我们如果能钟情于正在经历的生活，就会感到更加幸运，并且会体验到更多的幸福。

　　玛丽一直为自己的肥胖发愁，她最近一直吃着不涂黄油的烤面包片，而且冒着严寒在运动场上慢跑，然后她爬上浴室的磅秤，可是指针依然停在锻炼前所指的数字上。在玛丽看来，苗条的身材才是她想要的幸福。所以，她觉得自己是命中注定永远不会幸福的。

　　出门之前，玛丽在穿衣服时，对着紧绷绷的牛仔裤紧皱眉头，这时却在裤兜里发现30块钱。接着她的一个朋友打来电话说了一件很有趣的事。下楼后，她急急忙忙向车子跑去，为还得加汽油而烦恼时，却发现男友已经替她加满了油箱。面对生活中的这些幸福细节，玛丽却毫无感觉，因而玛丽仍然是一位自认为永远不会幸福的女人。

　　谁都不可能命令幸福来临，我们只能在幸福出现的时候欣赏它。只要你细心观察和发现，当幸福降临时，你肯定能够感觉到。幸福就像常来串门的老朋友，他在你最意想不到的时刻来临，友好地邀请你吃饭，酒足饭饱之后翩然离去。

　　幸福是要靠自己来把握和创造的，关键在于我们要有一颗善于感悟的心灵。不会欣赏每日的生活是我们最大的悲哀。其实我们不必费心地四处寻找或整日抱怨，关注和感谢我们所拥有的一切，你会发现，幸福就在我们的身边。

4. 历经坎坷，苦尽甘来

人们无法选择生命的长度，但是可以拓展生命的宽度，延长生命的力度。

经常在报纸上看到，有人年纪轻轻就结束自己的生命，有的拥有很高的学历，有的拥有很多财富，有的拥有好多人羡慕的外在条件，但是，他们依然选择了以死亡来结束自己的生命。

生命是如此脆弱，不堪一击，生命是如此短暂，经不起岁月的侵蚀。

然而，生命却是如此珍贵，还有人轻易弃世而去。

人类的一大弱点就是：对于自己拥有的东西并不珍惜，一旦失去，才怀念其价值。

有一篇荒诞小说叫《自杀俱乐部》，这个俱乐部是专门为准备自杀的人服务的。它让你在死前享受到所有的人间乐趣。于是，一对想自杀的青年男女在这里相遇后相爱了，当他们认识到自己的想法很愚蠢而准备继续活下去的时候，毒气已经放了进来，他们除了死已别无选择了。

在死亡面前，人生的一切真谛都会向你涌来，但残酷的是，当你大彻大悟之后，却为时已晚。所以，在生活中要常想着珍惜生命。如果这样想，就会自觉地超越痛苦。世上永不凋谢的花一定是假花，完全红透的苹果一定是蜡做的。一个人一生不可能永远生活在欢乐与幸福中，痛苦是正常的，能够品尝痛苦但不被痛苦压垮的心灵才是真正健康的。

经历了无数苦难都没有被苦难伤害了自己身体的人，才真正体会了苦尽甘来的滋味。

很久以前，有一位叫杰克的青年男子，从少年时代就渴望成就一番事业。为了实现自己的理想，他拼搏过、奋斗过，将自己全部的精力都投入到辛辛苦苦的创业之中。可是，几年下来，他身心疲惫、伤痕累累，还是一事无成。在几乎绝望的时候，他想起了当地一位有名的哲人。

当哲人耐心地听完杰克的苦衷后，让仆人备上一辆马车，拉着一头雾水的杰克默默上路了。一路上，马车途经平坦的大道、穿越广袤的平原、绕过连绵的丘陵，奔向一片乱石峥嵘的崇山峻岭。车到山前，哲人终于说话了，他对杰克说："车到山前自有路，可这路是属于我这样与世无争的人们的，它不属于你这样年轻力壮的小伙子。你就从这片山区徒步跋涉而过，看能否体会出一些人生真谛来。我乘车绕过这片山区，在山的那边与你会合。"说罢，智者挥鞭扬长而去。

在城镇长大的杰克，第一次走山路，杰克一边小心翼翼地行走，一边四处张望。他爬上一个小山峰，放眼望去，只见阡陌纵横如织、村寨星罗棋布，视野竟是如此的开阔和旷远；空气竟是如此的清新。他蹚过深涧，四处寻望，流水淙淙、鱼翔浅底，松涛阵阵、鸟语花香，世界竟是这般的神奇莫测。

在接下来的行程中，他的脚被顽石磨起了泡，他的手被荆棘扎出了血，可他已浑然不觉，忘我地陶醉在天造地设的坎坷之中。

当杰克历尽千辛万苦，跋山涉水，走出崇山的时候，与智者会合后，没等哲人发问，他就情不自禁地说："看来，我以往遇到的那些挫折、坎坷确实太小、太微不足道了，所以我才没出息，没成就一番事业。"

哲人舒心地笑了，他用手中的长鞭挥向杰克身后的山峦说："这片群山中，早就该有人开发了，只是迟迟无人能驾驭这等坎坷啊！"

后来，经过无数的曲折和磨难，杰克终于成为那片山峦的主人——一处著名的旅游胜地的经营管理者。他不仅成为利用山水不动产坐收渔利的大富豪，也是把山水景区化、把旅游资源产业化的开拓者和创始人。

人生的坎坷是用来磨砺一个人意志的试金石，不经历风雨，不能见彩虹。

> 幸福是一种很高的人生境界，必须在经历品尝无数的痛苦之后，才能体会到什么是幸福。欢乐并不是一时的高兴，而是一种乐观向上、积极进取的人生态度。

5. 吃亏是福

现实生活中，吃亏是一种胸怀，一种风度，更是一种坦然，一种超越。能够吃亏的人，往往一生平安，幸福坦然。不能吃亏的人，往往在纷争中斤斤计较，这些人会不断地问自己：我为什么要吃亏？这种心理会蒙蔽他们的双眼，势必要遭受更大的灾难，最终失去的反而更多。

小王在大学期间学的专业是中文，毕业就进入了出版社做编辑，小王的文笔很好，但更可贵的是他的工作态度。

小王进入出版社不久，正好赶上出版社正在进行一套丛书的编辑和出版，每个人都很忙，但出版社主任并没有增加人手的打算，于是编辑部的人也被派到发行部、业务部帮忙，但整个编辑部只有小王乐于接受主任的指派，其他的人即使去了也是做做样子。

不久，有人私下对小王说："这不是我们的分内工作，为什么要我们去做？"小王说："吃亏就是占便宜嘛！"

事实上也看不出他有什么便宜可占，因为他要帮忙包书、送书，像个做苦力的一样！

小王工作起来真是卖力，他给业务部帮忙，参与直销的工作。此外，他也做过取稿、联系印刷、包装……只要主任开口要求，他都乐意帮忙！

"反正吃亏就是占便宜嘛！"小王这么说。

几年过后，小王自己成立了一家出版公司，做得还不错。原来他是在吃亏的时候，把一家出版社的编辑、发行、直销等工作流程都摸熟了。他真的是占了便宜！

现在，小王仍然抱着这样的态度做事，对作者，他用吃亏来换取作者的信任，对员工，他用吃亏来换取他们的积极性，对印刷厂，他用吃亏来换取品质……

吃亏就是占便宜！尤其是年轻人更应该记住这点，这是你积累工作经验，提高自己做事能力，扩大人际关系网络的最好办法。如果样样想占便宜，那最后一定会吃亏，而且还可能吃大亏。

无论是在职场、官场，还是在人际交往中，当残酷的现实需要我们做出舍弃与牺牲时，如果我们能够坦然处之眼前亏，能舍弃与牺牲某些利益，学会"糊涂"不去计较这些，失去的也许只是暂时的。

郑板桥是"扬州八怪"之一，是著名书画家、诗人。在他做官的时候，因为为官清廉而受到百姓的爱戴，后来他因为在灾荒之年为灾民请求赈济触犯了上司，结果被罢官，从此以书画安度晚年。郑板桥一生坎坷，但他始终能以乐观的心情对待。

郑板桥一生中为人处世，始终不求名利，不计得失。他写过两条著名的字幅流传至今，那就是"难得糊涂"和"吃亏是福"，这两条字幅含有深刻的哲理，凭借着这种达观大度的心态，郑板桥不但长寿，而且留下了万世美名。

> 天底下不会有白吃的亏，所以别怕吃亏。吃亏有助于塑造良好的自我形象，博得别人的认同、好感以及友谊，从而在生活中来去自如，逍遥自在。

6. 用感恩的心面对生活

> 很久以来，渴求与贪婪占据了人们的内心，对财富与成功的渴望，对爱情的渴望，但是这些人很少仔细地审视自己所拥有的一切。正是这贪婪的心让人们忘记了上苍所给予自己的种种恩赐，让人们总是想着遥远的未来而忽略了对今天的感恩。

在一个小镇上，有两名乞丐，圣诞这天，两人分别出去乞讨，一名乞丐来到一个富丽堂皇的家庭，主人拿了一只香喷喷的烧鸡给他，离开时，乞丐嘴里嘀咕着，如果能再有瓶红酒该多好呀。

而另一名乞丐却没这么幸运，他只得到了一块面包，可他却幸福地合掌祈祷，感谢主让他能依靠这块面包而活下去。

在日常生活中，有些人总觉得命运对自己不公平，别人可以拥有，为什么自己不能，吃着碗里的，却还看着锅里的，因此常常被外界的纷扰困顿心志，郁郁寡欢，似乎认为命运对他更为不公。而有的人在陷入困境和挫折时，他会时常想到，在这个世界上还有比自己更不幸的人，与别人的不幸相比，自己是幸福的，于是能怀着一颗感恩和愉快的心去面对生活。

感恩是一种思想境界，是一种生活态度，是一种善于发现生活中的感动并能享受这一感动的情绪体验，常怀感恩之心的人，有颗美好的心灵。只要你用心去体会周边的世界，你就会发现，需要人们来感恩的事情实在是太多了。如果没有春夏秋冬的轮回，就体会不到生命的生生不息；没有阳光，就没有明亮温暖的日子；没有水，就没有生命；没有亲情和爱情，世界就会充满孤寂的灵魂；没有逆境，就不能体会到成功的喜悦。

在日常生活中，一个达观的人，遇到不顺心的时候，都能以平和的心态去面对，无论发生什么，都能以包容和感恩的心看待。而这种态度却恰恰是积极向上的人生态度。因而这些人在面对问题的时候，能甩掉包袱，留给世界的是微笑。那位因一块面包而祈祷的乞丐，因为人们愿意看到写在脸上的快乐而乐于帮助他。所以怀着一颗感恩的心，去面对生活，生活也将回赠你惊喜和收获。

在一个偏僻的小城镇里，十几个孩子经常围着一家面包店转悠，他们很想尝一尝店里的面包，因为这些孩子经常饿肚子。店里的面包师心地善良，于是把附近的十几个孩子聚集到一块儿，然后拿出一个盛有面包的篮子，对他们说："这个篮子里的面包你们一人一个。"

很快，这十几个孩子仿佛一窝蜂一样涌了上来，他们谁都想拿到最大的面包。当他们每人都拿到了面包后，心满意足地走了，竟然没有人向这位好心的面包师说声谢谢。

在这十几个孩子中，有一个叫汤姆的小男孩却例外，他没有同大家一起哄抢。他只是谦让地站在一边，等别的孩子都拿到以后，才把剩在篮子里最小的一个面包拿起来。拿到面包以后，他并没有急于离去，而是礼貌地向面包师说了声谢谢。

第二天，面包师又把盛面包的篮子放到了孩子们的面前，其他孩子依旧如故，汤姆只得到一个比头一天还小的面包。当他回家以后，汤姆的妈妈切开面包，许多崭新、发亮的银币掉了出来。汤姆的妈妈惊奇地叫道："汤姆，立刻把钱送回去，一定是面包师揉面的时候不小心揉进去的。"当汤姆把妈妈的话告诉面包师的时候，面包师却仁慈地说："不，我的孩子，是我把银币放进小面包里的，我要奖励你。愿你永远保持现在这样一颗感恩的心。快回家去吧，告诉你妈妈这些钱是你的了。"他激动地跑回了家，告诉了妈妈这个令人兴奋的消息，这是他的感恩之心得到的回报。

感恩的形式有多种多样，说一声诚挚的感谢，一个真诚的微笑，一个善意的提醒，一句轻轻的问候，一件小礼物，这些都是感恩的最好表达方式。在日常生活中，学会接受自己失去的事实，不要为过去而伤心，用感恩的心态面对人生中的得失，这样你才会感觉到你是幸福的。

有人说，感恩需要一定的外部条件。其实这不全对，感恩是一个人内心深处的切实领悟。有的人常怀感恩之心，热爱、珍惜自己的生命，也绝不会任意糟蹋自己和他人的生命。世界科学巨匠霍金曾经说过这样一句话："我的手还能活动；我的大脑还能思维；我有终生追求的理想；我有爱我和我爱着的亲人与朋友；对了，我还有一颗感恩的心……"有谁会想到，能够写出这样美妙文字的人竟然已经在轮椅上生活了30多年。

在日常生活中，当你全身心投入到紧张而忙碌的工作与生活之中，内心日渐麻木的时候，不妨静下心来，用心感受美好宁静的生活，记录下每一个幸福的点点滴滴，每一个小小的感动。对于爱你的人对自己的疼爱、保护、宽容，都应该心存感恩，因为是这些人让你感觉到了亲情，让你尽享天伦之乐。在每个人的一生中，要感谢的人还有很多，自己的父母，自己的朋友，自己的同事，甚至是那些曾经伤害你、欺骗你、遗弃你的人，因为是他们使你体验生活的乐趣，不断成长，是他们磨炼了你的心志，还教会了你如何生存。

人类的生活离不开感恩，因此，要学会用感恩的心面对身边的人，面对身边的事。

感恩是一种美德，也是人生的一种智慧，无论岁月怎么更替，社会怎样发展，人类如何进步，感恩都将是人类社会文明与进步的体现。要有一颗感恩的心去活着，去感受你所拥有的一切。常怀感恩之心的人是幸福的。

7. 拥有就是幸福

很多人经常陷在痛苦和不快的境地中，久久不能自拔，而这种境地恰恰使人感觉不幸福。日常生活中，如果你觉得自己很不幸，不妨想想你的拥有。即使你有个十分普通的家庭，有个很不争气的儿子，有失业的痛苦等，但是你还是拥有很多，有总比没有强很多。什么是幸福，简单地说，拥有就是幸福。

家庭很普通，日子也很平淡，但这毕竟是你可以栖息的港湾，只要家人都健康就是幸福。孩子不争气，作为家长你可以操心，可以焦急，但是，儿孙自有儿孙福，有些事情是无法改变的。在面临失业的威胁下，生活将迫使你去找寻新的方向。

每个人都是自己情绪的设计师。叔本华曾经这样说："我们很少想到自己拥有什么，却总是想着自己缺什么。"这就是人们情绪失调的重要原因。

人们往往身在福中不知福，每当到医院看护病人，看到许多病友正为生命奋斗，才觉得健康如此可贵。直到不幸发生时，才意识到过去的幸福。人们总是这样，在不幸降临之前，一直在不断地追求幸福，但却不知道，自己一直拥有的生活才是幸福的。

著名的儿童心理学家李·索克博士，在回忆母亲的经历时，他说在母亲小的时候，为躲避哥萨克人的骚扰，被迫背井离乡。村庄被烧成平地，她躲在干草车中，藏在水沟里，多次置身于危险的境地，最后才捡回了一条命。后来，她挤在轮船的底舱里，漂洋过海来到了美国。

他这样写道："即使在我母亲结婚生子后……她仍然每天为果腹而奔忙……但母亲总要我们多想我们有什么，而不要想我们缺什么。"她告诉我们，在逆境中可以培养对"美"的欣赏力。因为美无处不在，即使在最简朴的生活里也不例外。她执着地传授给我们的人生态度就是："天很黑的时候，星星就会出现。"

一天，小刘约了几个战友小聚了一次，离家之前，小刘却怎么也找不到钥匙。于是他给妻子打电话，叫她回来。她一进门就笑了，说："你的手里是什么？"正是那串钥匙。拿着钥匙找钥匙，已经好几次了，小刘自己都不知道是为什么。

席间，一个战友开玩笑说："你是把心思和眼睛用在外边了，对手里的东西视而不见。"小刘默默无语。

是的，不仅仅是小刘，似乎很多人都是如此。我们总是对周围的一切不满，总是以挑剔的眼光去看待身边的人和事，总以为自己得到得太少，拥有得太少，总以为朋友对自己不完全诚实，妻子对自己不是真好，似乎那些不属于自己的，自己没有拥有的都是好的，都要去追寻，而对自己手中的东西，已经拥有的，却不甚在意。

如果我们能够珍惜拥有的一切，就是幸福，如果能把拥有的放在心里，那就是富有了。生活中有很多东西都不起眼，一棵小草，一朵小花，但是不要轻视这些东西。拥有就是幸福，把握住了才会得到。幸福是我们用心感悟来的，而不是苛求来的。

人们在抱怨自己不幸福的时候，是否想过自己拥有健全的四肢，拥有一双可以看世界的明眸？是否想过还有关心自己的父母或伴侣，还有可爱的孩子？是否想过还有一个同学聚会，还有一本没有看完的好书，或者一个想要观赏的电视节目，还有一次自己渴望已久的约会？

其实，自己的生活已经很幸福，只是有些人习惯了挑剔，总是对于自己所缺乏的给予了太多的关注，而往往忽略了自己所拥有的。

正视你所失去的，正视你所没有的，不要总是盲目美慕别人，不要与他人作比较，珍惜自己所拥有的，充分享受自己的生活，不要在失去时才伤悲，快乐的人生就蕴藏在现在的点点滴滴之中。

8. 攀比不会得到幸福

"既生瑜何生亮？"喜欢攀比的人经常会发出这样的感慨。"魔镜啊，魔镜，谁是这世上最美丽的女子？"白雪公主的故事里，恶毒的王后总是一遍又一遍地重复着这个问题。日常生活中很多人为自己制造了无端的障碍，攀比不是罪过，但攀比心太强，必定烦恼丛生。

生活中的许多烦恼都源于盲目的攀比，而忽略了享受自己的生活。"境由心造"，只要你找准令自己快乐的生活方式，就会品尝到幸福生活的甘甜。

很久以前，有个年轻的英国人，叫阿瑟，在他24岁的时候，每星期可以挣130英镑。在那个时候，这可是相当可观的一笔收入啊。不久，有人给他提亲，阿瑟娶了一位年轻美貌的女子为妻。一天，他对父亲说："我想搬到伦敦去住。"父亲知道儿子嫌家里太寒酸，不适合这个高收入的公务员了，便对儿子语重心长地说："你已经长大成人，安家立业，当然可以另立门户了。阿瑟啊，记住：为人要诚恳，做事要勤劳，切忌炫耀，切忌攀比。"

很快，阿瑟和他的妻子就迁到了伦敦，搬进了一栋豪华的房子。住在这儿的人多是富裕人家，至少是看起来相当有钱的人家。后来，阿瑟知道他们都是一个乡村俱乐部的成员，自己很快也参加了俱乐部，和他们一样，买了匹黄骠马，雇了个仆人，常常举行宴会……这是一场无休止的无声的竞赛。阿瑟在竞赛中不仅花光了自己的全部积蓄，还债台高筑，最后，阿瑟不得不退出竞赛，停止与人攀比，迁到伦敦一套便宜的公寓去居住。一天，阿瑟对妻子说："我现在才真正懂得了父亲的临别赠言：切忌炫耀，切忌攀比。"

现实生活中，盲目攀比只会给自己带来无穷的烦恼和负担，正确地认识攀比现象，能使我们的心理更健康，也能使我们更好地把握生活。

9. 走出**失去的阴影**

日常生活中，很多值得怀念的东西从你的生命中彻底消失了，你也不要难过！不要让它把你的快乐带走了，否则，你失去的不是更多吗？下雨的时候，没有带伞不要紧，要紧的是你要尽快摆脱雨，找到一个能够避雨的地方。被雨淋是不可避免的，但如果你不愿跑开，你会淋上更多的雨，甚至你还会因此得一场病，因为一场雨而得一场病是不值得的。

面对自己失去的，很多人都有这样的感觉：当你失去什么的时候，会感觉自己好像失去了所有。于是，整个世界也因为失去了它而变得空荡荡的，那是因为，你误以为它是你的全部。

一位男高音歌唱家在30多岁时已经名冠四方，成就不凡。一次演出后，歌唱家带着妻儿刚从剧场里走出来，就被剧场外焦急等待的观众团团围住。人们兴奋地与歌唱家攀谈着，其中不乏赞美之词。有的人说他刚到中年便事业有成，有的人说他有个美丽大方的好妻子和活泼可爱的小儿子……

歌唱家认真地听着这些热心人的话，等到有人要他发言时才和缓地说："你们知道的只是一个方面。其实，被你们夸奖为活泼可爱的这个小男孩儿是一个不会说话的哑巴。另外，他还有一个只能长年躺在床上脑瘫痪的姐姐。你们夸大了我的成功，我也有不幸的一面。"

当不幸已经成为事实，痛哭流涕是没有用的，悲观绝望也是没有用的。只有接受这个现实，积极生活，生命才会再次出现奇迹。

在一次意外事故中，海军陆战队队员米契尔身上65%以上的皮肤被烧坏，为此他动了16次手术。手术后，他无法拿叉子吃饭，无法拨电话，无法上厕所，简直成了一个废人。然而，他并没有被厄运击垮。他说："我完全可以掌握我自己的人生之船，我可以选择，要把目前的状况看成倒退或是一个起点。"

经过几个月的治疗后，米契尔又能开飞机了！他为自己重新构想了以后的生活，并在科罗拉多州买了一幢房子。另外，他还和两个朋友合资开了一家公司，并将其发展成为佛蒙特州第二大私人公司。

可是厄运好像偏爱米契尔，再次降临到他的头上。在开办公司后的第四年，他再次失事，十二条脊椎骨被飞机压得粉碎，腰部以下永远瘫痪！他抱怨道："我不解的是为何这些事老是发生在我身上，我到底是造了什么孽？为什么要遭到这样的报应？"

米契尔没有被打倒，仍然与命运抗争。最后他不仅能够做到生活自理，而且担任了科罗拉多州孤峰顶镇的镇长，致力于保护小镇的美景及环境。后来，他凭借着一句"不只是一张小白脸"的口号参加国会议员的竞选，并脱颖而出。

米契尔说："我瘫痪之前可以做一万件事，现在我只能做九千件。我可以把注意力放在我无法再做的一千件事上，或是把目光集中在我还能做的九千件事上，不过我选择了后者。要告诉大家的是，我的人生曾遭受过两次重大的挫折，如果我不把挫折当成放弃努力的借口，那么你们也可以用一个新的角度来看待一些一直让你们裹足不前的事情。不妨退一步，想开一点，然后就会有机会对自己说：'没什么大不了的。'"

人们往往只看到自己当前所失去的东西，因此会沉浸在想要却难以得到的痛苦之中。

由此而产生了两种人：一种是积极乐观的人，他们能珍惜现在所拥有的，所以他们可以充分享受生活带来的快乐；另一种人是消极悲观的，他们只看到失去的东西，所以生活美好的一面被他们忽略了，因此生活对他们来说是一种折磨。

> 要活得快乐，活得成功，就必须先摆正自己的心态。走出失去的阴影，将视线设定在目前所拥有的事物上，无论在什么时候，你都能感到光明、美丽，幸福的生活围绕在你的身边。

10. 苦难之后是幸福

生活就像一部长篇小说，充满苦难和不幸。我们憧憬未来，幻想明天的幸福，可是我们现实的生活通常都是和苦难联系在一起的。我们希望得到幸福，可苦难却像是阴魂不散的魔鬼紧紧地缠着幸福。人生是美好的，同时人生还充满了苦难。

现实生活中，当苦难来临时，接纳它，然后笑对它，再睁大眼睛找寻随之而来的幸福在哪里，抓住它的衣角，你便脱离了苦难！

美国有一位著名的潜能开发大师席勒，他所采用的激励方法内容丰富，深受学员们的喜爱，因此，他的声名远扬，经常应邀到世界各地去巡回演讲。

席勒最崇尚的话就是："任何一个苦难与问题的背后，都有一个更大的祝福！"他不仅常常用这句话来激励学员积极思考，而且还将这一思想向小女儿灌输，所以仅念小学的女儿对父亲的这句名言，也可以读得朗朗上口。他的女儿是一个非常活跃且热爱运动的小姑娘。

有一次，席勒应邀到韩国演讲，演讲过程中，他收到一封来自美国的紧急电报，电报说：他的女儿发生了一场意外，已经送医院进行紧急手术，有可能截掉小腿！得到消息后，他匆忙地结束了演讲，火速地赶回美国。

到了医院，他看到已经截掉小腿的女儿痛苦地躺在病床上。他发现自己原本优秀的口才，此时显得异常笨拙，他不知应该用什么样的方式来安慰这个热爱运动、充满活力的小天使。

聪明伶俐的女儿似乎察觉到了父亲的心事，对他说："爸爸！我没有事，你不是经常告诉我，任何一个苦难与问题的背后，都有一个更大的祝福吗？我不会因为失去小腿而难过的。"他欣慰地看了看女儿。

"请爸爸放心吧，没有了脚我还有手。"女儿安慰似地对他说着。两年后，席勒的女儿升入了中学，而且再度被选入垒球队，成为该队中最出色的垒球王。

实际生活中，许多人都害怕去正视困难，面对困难只会退缩；更有人在尚未达到预期的目标时，就被困难吓破了胆，产生了放弃的念头。其实，大可不必这样消极。先"放心"去面对，再"用心"去解决，这时你会发觉，有些表面看起来十分顽劣的问题不过是纸老虎。

其实，苦难是为了验证幸福而来的，在苦难中，学会接纳生命中的不幸与不快。

很久以前，有一个妇人，她的孩子不幸夭折，所以她不停地哭泣。因为她是一个寡妇，已经不能够再有另外的孩子，而她唯一的小孩死了，那是她所有的爱和生活的动力。她到佛陀那里，一直在佛陀的面前哭泣。

佛陀觉得这个女人很可怜，就对她说："我可以让你的孩子复活，不过这还得需要你的努力。"这个妇人回答说："为了孩子，我什么都可以做到的，快告诉我应该怎么做吧。"

佛陀笑着对她说："你到镇上去，找到一户从来没有死过人的人家，向他们要一粒芥菜种子。"

这个妇人冲到镇上，她跑遍了镇子上所有的人家，可是没有一家符合佛陀的要求。很多人都对她说："你要多少芥菜籽我们都可以给你，但是我们无法符合你的条件，因为我们家曾有很多人死过。你不必发疯，佛陀在你身上耍了一招，你在整个地球上都无法找到有一户人家没死过人的。"

苦难不是上天给某个人的惩罚，而是帮助我们释放生命的色彩。因为种种苦难才让我们更加珍惜生命中的种种。不要幻想那种圆圆满满的生活，也不要幻想生活中的每一天都阳光明媚，每个人在人生的道路上，注定要经历艰难困苦的考验。其实，苦难重生后就是幸福。

想要获得幸福，就必须要经历苦难，战胜苦难的动力正是前方幸福的召唤。苦难让我们的人生更美丽、更壮观。并不一定要强求最终幸福的结果，经受苦难的过程便是你的幸福所在了。

第八篇

健康的心态给生活带来幸福

心态就好似心中的一个天平，如果调整不好，就会偏向消极、悲观的方向，这样人们的心灵将会被黑暗所笼罩；如果偏向积极乐观的方向，人们的心灵自然会开满鲜艳美丽的花朵。所以，不管你是痛苦还是欢乐，都不能忘记心中的那架天平，适时地调整它，保持一个良好的心态，这样才能让快乐、积极的情绪充满你的心房。

什么是幸福？不同的人会有不同的答案。

当你饥肠辘辘的时候，一桌丰盛的大餐就是幸福；当你饱受疾病困绕与折磨的时候，拥有一个健康的身体就是幸福；当你伤心流泪的时候，一声亲切安慰的话语就是幸福；当你长时间奔波于喧嚣的人流中，拥有一份自我的宁静就是幸福。当你吃腻了油腻的饭菜后，你会觉得偶尔的粗茶淡饭也是一种幸福……

1. 做一个**快乐的**"愚人"

日常生活中，许多的人都在想如何让自己更聪明，这些人殊不知做一个"愚人"其实更快乐。不再为别人的腰缠万贯而忌妒，不再为自己的一无所有而苦闷，以一颗快乐、淡然的心去看待生活。一个快乐的"愚人"，不会因别人善意的玩笑而斤斤计较，相反，看到别人脸上的微笑，自己也会收获幸福。

在一个小镇上，有一位老妇人，她的脾气十分古怪，经常为一些无关紧要的小事大发雷霆，而且生气的时候说话很恶毒，常常无意中伤害别人。因此，她与周围的人相处都不太融洽。她也很清楚自己的脾气不好，也很想改，可是火气上来时，她就是没有办法控制自己。

一次，她的一个邻居告诉她："附近的寺庙有一位得道高僧，你为什么不去找他为你指点迷津呢？说不定他可以帮你。"老妇人觉得有点道理，于是就抱着试一试的态度去找那位高僧了。

当她向高僧诉说自己的心事时，态度十分恳切，强烈地渴望能从高僧那儿得到一些启示。高僧默默地听她诉说，等她说完，就带她来到一间禅房，然后锁上门，一言不发地离去了。

这位老妇人本想从高僧那里得到一些启示，可是没有想到高僧却把她关在又冷又黑的禅房里。她气得直跺脚，并且破口大骂，但是无论她怎么骂，高僧都不理睬她。过了一会儿，老妇人骂累了，她停止了叫骂，开始哀求高僧放了她，可是高僧仍然无动于衷，任由她自己说个不停。

过了很久，禅房里没了声音，高僧在门外问老妇人："你还生气吗？"

老妇人恶狠狠地回答道："我只是生自己的气，很后悔自己听信别人的话，干吗没事找事地来到这种鬼地方找你帮忙。"

高僧听完，说道："你连自己都不肯原谅，怎么会原谅别人呢？"说完转身就走了。

过了一会儿，高僧又问老妇人："还生气吗？"

老妇人说："不生气了。"

"为什么不生气了呢？"

"我生气又有什么用？还不是被你关在这又冷又黑的禅房里吗？"

高僧有点担心地说："其实这样会更可怕，因为你把气全部压在了一起，一旦爆发会比以前更强烈的。"于是又转身离去了。

等到高僧第三次来问她的时候，老妇人说："我不生气了，因为你不值得我生气。"

"你生气的根还在，你还是没有得到解脱。"高僧说道。

又过了很久，老妇人主动问高僧："大师，您能告诉我气是什么吗？"

高僧还是不说话，只是看似无意地将手中的茶水倒在地上。老妇人终于明白：原来，自己不气哪里来的气？心地透明，了无一物，何气之有？

佛祖告诫我们："嗔心一起，于人无益，于己有损；轻易心意烦躁，重则肝目受伤。"

我们不能做一个聪明人，但至少不要去做一个愚人。把生活中不如意的一些小事看得淡一点，并能在静观中有所收益，我们就不会活得太累，活得不开心了。

日常生活中，假如生活欺骗了你，不要悲观，不要忧郁，做一个快乐的愚人，相信阳光总在风雨后，幸福即将到来。

2. 改变自己的**心态**，就能改变自己的**世界**

改变自己，先要改变心态，唯有心态观念转变，你才有可能走向成功。没有一个成功人士是墨守成规的，他们无时无刻不在变，他们的变主要是心态在变。因为只有变化才有新的希望。

列夫·托尔斯泰说："大多数人想改造这个世界，但却极少有人想改造自己！"

人是社会系统的一员，是人类社会这个大结构中的一个要素。人的位置取决于人与社会的关系，这种关系又决定于人所处的状态，即与周围系统交换物质、能量、信息的方式。

人有很多状态，不同的状态带来不同的效果和不同的结果，同时也就决定了你与社会的关系，即确定了你的位置。

当你调整状态，改变自己时，你与世界交换的物质、能量、信息必然发生变化，你与他人的关系就变了，你在社会生活中的位置就已经发生了变化。同时，社会系统也必然要做出反应以适应新的关系——你的改变。世界，就这样被"改变"了。

　　比如你在生活中经常愁眉苦脸，这一定代表了你现在的位置和与世界的某种既定关系。如果你开始调整表情，诸事面带微笑。进行了这个调整之后，与社会交换的信息就改变了，你和周边的人际关系就发生了变化。微笑使你在社会中增加人缘和机会，这些机会必然使得你在社会中的位置发生变化，你会感到：世界变了！

　　美国一些学者的研究结果表明，一种真正以友谊待人的态度，引起对方友谊反应的比率高达60%～90%。领导此项研究的博士说："爱产生爱，恨产生恨，这句话大致是不会错的。"

　　雨果的不朽名著《悲惨世界》里那个主人公冉·阿让，本是一个勤劳、正直、善良的人，但穷困潦倒，度日艰难。为了不让家人挨饿，迫于无奈，他偷了一个面包，被当场抓获，判定为"贼"，锒铛入狱。

　　出狱后，他到处找不到工作，饱受世俗的冷落与耻笑。从此，他真的成了一个贼，顺手牵羊，偷鸡摸狗。

　　警察一直都在追踪他，想方设法要拿到他犯罪的证据，把他再次送进监狱。他却一次又一次逃脱了。

　　在一个大风雪的夜晚，他饥寒交迫，昏倒在路上，被一个神父救起。神父把他带回教堂给他吃住，但他在神父睡着后，却把神父房里的所有银器席卷一空。因为他已认定自己是坏人，就应该干坏事。不想，在逃跑途中，被警察逮个正着，这次可谓人赃俱获。

　　当警察押着冉·阿让到教堂，让神父认定失窃物品时，冉·阿让绝望地想：

　　"完了，这一辈子只能在监狱里度过了！"

　　谁知神父却温和地对警察说：

　　"这些银器是我送给他的。他走得太急，还有一件更名贵的银烛台也忘了拿，我这就去取来。"冉·阿让的心灵受到了巨大的震撼。

　　警察走后，神父对冉·阿让说："过去的就让它过去，重新开始吧！"

从此，冉·阿让决心洗心革面，重新做人。他搬到一个新的地方，努力工作，积极上进。后来，他成功了，毕生都在救济穷人，做对社会有益的事情。这说明，你用什么样的心态对待别人，别人就用什么样的心态对待你。

你用什么样的心态对待生活，生活就怎样对待你。

战国时，梁国与楚国相邻。两国素有敌意，在边境上各设界亭（哨所）。两边的亭卒在各自的地界里都种了西瓜，梁国的亭卒勤劳，锄草浇水，瓜秧长势很好；楚国的亭卒懒惰，不锄不浇，瓜秧又瘦又弱，目不忍睹。

人比人，气死人。楚亭的人觉得失了面子，在一天晚上，乘月黑风高，偷跑过去把梁亭的瓜秧全都扯断。梁亭的人第二天发现后，非常气愤，报告给县令宋就，说我们要以牙还牙，也过去把他们的瓜秧扯断！

宋就说："楚亭人这种行为当然不对。别人不对，我们再跟着学就更不对，那样未免太狭隘、太小气了。你们照我的吩咐去做，从今天开始，每晚去给他们的瓜秧浇水，让他们的瓜秧也长得好。而且，这样做一定不要让他们知道。"

梁亭的人听后觉得有理，就照办了。

楚亭的人发现自己的瓜秧长势一天比一天好起来，仔细观察，发现每天早上地都被人浇过，而且是梁亭的人在夜里悄悄为他们浇的。

楚国的县令听到亭卒的报告后，感到十分惭愧又十分敬佩，于是上报楚王。楚王深感梁国人修睦边邻的诚心，特备重礼送梁王以示歉意。结果这一对敌国成了友好邻邦。

社会生活是客观发展的，任何人都不可能改变社会生活，但你可以改变你自己。改变自己，先要改变心态，唯有心态观念转变，你才有可能走向成功。改变自己，实质就是改变自己对世界的看法。

面对现实生活，面对已经发生的事实，我们可以改变的是我们的心态，心态好，一切都会好。

3. 凡事多往好处想

日常生活中，每个人都要面对很多烦心的事，换个角度想想，你也许会有意外的收获。《庄子》也说道，楗树的小枝弯弯曲曲，树干结疤又多，是无用之材，但正因为如此，谁也不去砍它，结果它长成了大树有了独到的用处：让人乘凉。

一个苏联科学家在吃饭的时候，不小心把葡萄酒洒在桌布上。后来他想把它洗掉，却怎么也洗不干净，正当他为此烦恼时，他却恍然大悟：既然葡萄汁很难洗掉，不正好做成染料吗？于是，他发明了用盐酸溶液作添加剂，着色更加稳定的"葡萄染料"。

因此，当一些事情让你烦恼时，别丧气懊悔，换个角度，也许它会在另一个场合对你有所帮助；幸福是自己选的，烦恼是自己找的。悲观和乐观都在于你看问题的方式、角度。碰上什么麻烦事，千万多往好处想！

现实生活中，只要凡事多往好处想，自然会豁然开朗。如果只盯着事情不好的一面，自己就会永远陷入泥潭。只有用豁达的心态去面对生活，你才能发现生活中的美好。

刘芳在事业单位上班，平时她不善言谈，在单位穿着也很简朴，但她的同事都知道她有一个烧得一手好菜的老公和一个有出息的儿子，所以单位的女同事都很羡慕她。

但是刘芳却不这样认为，平时她经常向十分要好的朋友诉苦：其实自己过得并不幸福，虽然丈夫很体贴，做的饭菜也很可口，但他一直没有一份稳定的工作，所以家里的经济条件不太好。儿子很争气，考上了一所好大学，可是每年学费也不是个小数目。除此之外，每月还要给婆婆生活费，家里的生活一直很拮据。所以，自己觉得跟丈夫这些年没享过福。平时，每当自己一想到将来儿子结婚买不起房，就觉得有块大石头压在心上。

她的一个朋友听完以后，曾经对她这样说：其实你根本不需要悲观，很多人并不比你幸运，为那些还没有发生的事情担忧很不值得。相反，你应该多往好处想想，儿子考上了名牌大学，毕业后一定能成为有作为的人，他会创造财富孝敬你，所以你现在的付出很值得。虽然现在你的经济条件不太好，可毕竟还有一份工作，用不着为明天的生活而犯愁。如果你能够这样想，是不是觉得生活变得很好了呢？

日常生活中，很多人感到生活枯燥乏味，是因为他们的心态是枯燥乏味的。人世间的许多事情本身并无所谓好坏，全在于你怎么看。如果想使生活变得有滋有味，就要改变心态，凡事多往好处想，只有这样，我们才能走出悲观的阴影。

事实上，因为每一个人的处世态度不同，导致有人快乐，有人不快乐。每个事物都有它不同的一面，在你的目力所及范围之内，并非是事物的全部。在你心情不好的时候，绝对不会看到阳光明媚；在你心情愉悦的时候，就算是嘈杂声也会变成热闹的景象。

20世纪20年代末，一位学者忙于研究病原菌的繁殖生长过程。有一天，他发现培养病原菌的碟子被青霉覆盖，而且碟中的病原菌都死了。青霉杀死了病原菌，破坏了他的研究计划。这令他十分沮丧。不久，弗莱明教授在做实验的过程中也发现了同样的现象，可他却并不觉得这是坏事，反而转而培养这种菌，并研究它们对人体白血球的作用，终于从中提取了世界上最早的抗生素——青霉素。

生活中的每件事总是有正反两面，一切都是相对而言的，缺点可能转化成优点。假如你年过半百，上了拥挤的公交车，可是并没有人给你让座，你也不必沮丧，你可以这样想：我还没有老，我还年轻。假如我老态龙钟的话，别人早就给我让座了。如此想，你就多了几分宽慰，仿佛又年轻了许多！

日常生活中，凡事多往好处想，你会发现事情远远没有想象的那么糟糕。凡事多往好处想，那么生命中的每一天你都会是快乐的。决定快乐的不是别人，而是你自己。很多事情都是有利有弊，凡事多往好处想，幸福快乐会常伴你左右。

4. 有一丝希望，就不要绝望

在人生道路上，每个人都会经历挫折和困难，这些挫折和困难打击我们的自信心，让我们对未来绝望。但只要有一丝希望，我们就会信念永存。困境会磨砺人的意志，困境就像黑暗，虽然每个人都不愿意面对困境，但它却是一笔财富。

在洛杉矶的贫民区，有一个小男孩因为从小营养不良，患上了软骨症。在他7岁的时候，他的双腿变形，小腿严重萎缩。面对自己的疾病，他没有一蹶不振，他的梦想是成为美式橄榄球全能球员。

在一次观看橄榄球比赛的时候，男孩结识了自己的偶像，杰出的球手布朗。后来，每次有布朗参加的比赛，男孩都会到球场去为心中的偶像加油。有一次比赛结束后，男孩在一家冷饮店里终于近距离看到了布朗，这是男孩多年来所一直期望的。男孩径直走到布朗跟前，大声说道："布朗先生，我是你最忠实的球迷！"布朗和气地向他说了声"谢谢"。这个小男孩接着又说道："布朗先生，我记得你所创下的每一项纪录。"布朗开心地笑了，说道："小小年纪，真不简单。"

这时，小男孩挺了挺胸膛，双眼望着布朗，充满自信地说道："布朗先生，将来我要打破你所创下的所有纪录。"

听完小男孩的话，布朗看了看小男孩，微笑着对他说："好大的口气，孩子，你叫什么名字？"小男孩说："我的名字叫奥伦索·辛普森。"

从那以后，奥伦索·辛普森坚持练球，他没有把自己看成是一个残疾人。他心中只有一个目标：超越布朗。小男孩时刻告诫自己：只要还有一丝希望，就不要绝望。后来，辛普森最终在美式橄榄球场上打破了吉姆·布朗创下的所有纪录。

日常生活中，只有心存希望，才能找到自己的幸福之路。只要自己不绝望，一切都还有希望。只有这样，身处困境中的人才能以坦然的心情看待挫折和打击，才能在逆境中找到出路，在困难中看到光明。即使你处于暗淡之中，只要希望之火不灭，你就一定会找到出口。

有一个过路人在翻越一座大山的时候，遇上了一个土匪。过路人慌忙躲进了一个山洞，土匪也穷追不舍，跟进了山洞。土匪身手敏捷，不一会儿就把过路人抓住了。过路人遭到了土匪的一顿毒打，身上所有的钱财都被抢走了，包括一盏夜间照明用的灯。土匪要离开山洞之前，命令过路人第二天再走，不许他跟着自己出山洞。过路人只好听命于他，待在原地。

土匪提着照明灯开始寻找走出山洞的路线，可是这山洞千回百转，纵横交错，且洞中有洞，简直就是一个地下迷宫。土匪借着亮光在洞中左右穿梭，有了照明灯，他能看清脚下的石块，周围的石壁，所以不会被石块绊倒。但是，他走来走去，却总是走不出这个洞，反而离洞口越来越远。

过路人等了很久，才开始从里面往外走。没有灯光，过路人就摸黑行走。他在黑暗中行走，吃了不少苦头。他一会儿碰壁，一会儿被石头绊倒，弄得满身都是泥垢，创伤和疼痛也考验着他。但他没有失去希望，他一步一步慢慢地行走着。也许正因为他置身于一片黑暗中，所以他对微弱的光线也很敏感。一缕微弱的光线从洞口透进来，他迎着这缕微光摸索爬行，最终找到了出口，逃离了山洞。

现实生活中，许多人身处黑暗，虽然历经各种磨难，一路磕磕碰碰，但最终走向了成功；而另一些人往往被眼前的光明迷失了前进的方向，所以终身与成功无缘。

一次，成吉思汗与敌军作战，遭到了敌军的顽强抵抗，大军损失惨重，形势十分不利。因为距离大本营很远，没有援军，自己的将士又日渐减少，许多人都以为这次必败无疑。但成吉思汗没有放弃打胜仗的希望，他的雄心在困境中越发地被激起。

就在他带领士兵们冲锋的时候，不小心掉入泥潭中，成吉思汗满身都是脏兮兮的泥巴，狼狈不堪。可此时的成吉思汗浑然不顾，内心只有一个信念，那就是无论如何也要打赢这场战斗。成吉思汗大吼一声"冲啊"，他手下的士兵被他坚强的意志所鼓舞，一时间，将士们群情激昂、奋勇当先，最终取得了战斗的最后胜利。

在人的一生中，都会遇到很多逆境，每遭受一次失败，我们对生活的认识就会更全面；每遭受一次不幸，对幸福的内涵会深刻一层。所以，当我们身处逆境的时候，我们更能找到自己的价值，发掘自己的潜能。因此，当逆境出现的时候，我们不能绝望，而是要鼓励自己坚持走下去。因为逆境是赋予我们寻找自我价值的大好机会。

当你身处逆境的时候，要坚信：只要希望不灭，就一定能摆脱现状！在困境中，只要相信自己必可跳出这个困局并专注于寻找出路，就能把危机化为转机。失去了信念，就等于放弃了希望。

5. 只有**看得开**，才能**活得好**

国外一个某著名的心理学家曾说过这样一句话：人能因为改变心态，从而改变自己的一生。现实生活中，也的确如此。人生的幸福或坎坷，快乐或悲伤，在很大程度上取决于自己的心态。在人的一生中，谁都会遇到一些不顺心的事，如果事情已成定局，无可更改，那就想开一点，坦然去接受，这才是真正的智者。

在一个小城镇，一个油漆工人受邀去给一户人家粉刷墙壁，一位老太太接待了他，当油漆工人看到她的丈夫已双目失明，顿时流露出怜悯的目光。

油漆工人在粉刷墙壁的过程中，发现男主人很乐观，每天都有说有笑，还不时地和他的妻子开开小玩笑，油漆工人觉得男主人和他的妻子过得很温馨。一天，油漆匠忍不住问这位男主人为什么如此快乐。

男主人笑了笑，说："为什么不快乐呢？在一次疾病中，我失明了，虽然我再也看不见外面的世界，但是我能感受到阳光的普照，妻子的关爱，还有一个健康的身体，比起那些瘫痪不能自如走动，没有温馨的家庭的人，我已经很幸运了，所以我没有理由不快乐。"油漆工人点点头。

几天以后，粉刷工作完成以后，油漆工人取出账单，老太太很吃惊，因为她发现账单比原来商定的价钱少了很多。她问油漆工人："这是怎么回事？"油漆工人回答说："在和你先生一起度过的日子里，我觉得很快乐，他对人生的态度，使我觉得自己的境况还不算最坏。账单中少要的那部分算是我对他表示的一点感谢，因为他使我不再把工作看得太苦！生活，只有看得开，才能活得快乐、幸福。"

油漆工人对这位太太的丈夫的推崇，使她流下了眼泪，因为这位慷慨的油漆匠只有一只手。

现实生活中，每个人都可能遇到这样或那样的不幸，诸如朋友离去、亲人不幸死亡、身患重病……但你需要知道的是，这一切都不会对你构成致命的创伤。其实，最致命的创伤来自我们自己内心深处，如果我们对什么事都看不开，只会让自己越来越痛苦，那些看得开的人则活得自在坦然。手指被针扎了，幸好没扎到眼睛；被上司批评了，回到家里，还有家人温暖的关怀。所以只有看得开，才能活得好。

康熙登基60周年的时候，在皇宫中举行了千人大宴，俗称"千叟宴"。作为大清皇帝，他敬了3杯酒。他把第一杯酒敬给了孝庄皇太后，感谢她养育了自己，并且辅助他登上了皇位；第二杯酒敬给天下黎民百姓和大臣，感谢百姓的拥戴，大臣的辅助，才有了国富民强的大好局面；第三杯酒则敬给了吴三桂、鳌拜、郑经、噶尔丹等这些逆臣。

敬完这三杯酒，大臣们对这第三杯酒十分不解。康熙明白大臣们的意思，于是解释说："我之所以要感谢他们，因为是他们让我不断进步，让我时刻感觉到危机，如果没有他们，就没有今天的康熙，也没有今天繁荣的社会，所以我感谢他们。"

康熙把那些一直和自己作对的人当成自己感激的人，这不得不说是一大智慧。一个人在取得成功的道路上，不可能一帆风顺，总有坎坷和不顺，总有千千万万的对手，是这些坎坷让你更成熟，是对手让你不断进步。康熙看得很开，他把这些逆臣的对抗当成磨炼自己的机会。看得开，让康熙受万人景仰，同时还为自己创造了一个好心境。

日常生活中，心态决定着你是否快乐，只要我们能够以乐观的态度对待命运，命运也就不是那么可怕的东西了。很多时候是我们自己的内心让我们陷入绝望，只要我们放弃绝望的思想，把一切都看开些，就不会死钻牛角尖，生活也就多了几分色彩。这样看来，痛苦或是快乐完全取决于你的一念之间。

一位哲人说："一个人的快乐，不是因为他拥有得多，而是因为他计较得少。"在汶川地震中，很多人失去了家、亲人、财物，甚至是健全的身体，可是他们仍然坚强地活了下来。经历了这次灾难，他们更懂得了生命的宝贵，只要生命还在，一切都还有希望。

小张学的专业是市场营销，毕业以后他进入了一家国有企业工作。由于业绩突出，很快就坐到了销售部经理助理的位置，公司里有传言说销售部经理的位置早晚都是他的。他的前途一片光明，心情自然是春风得意。

然而，天有不测风云。因为受到金融危机的影响，公司出于节约开支的考虑，对销售部进行了"瘦身"，小张经理助理的职务自然就没有了，他沦为一个普通的业务员。小张难以接受这一现实，心情一直很低落，对工作也没了热情。

一天下班后，小张还是像往常一样，拖着疲惫的脚步往家里走。这时，小张被总经理叫住，约他周末到郊外爬山。

到了周末，他们来到郊外，费了好大的劲儿才爬到山顶。正当小张迷惑不解的时候，总经理向远处看了看，转过头来对小张说："你说咱们这座山和对面那座，哪个更高大？"他回答道："当然是那座山了！"

总经理接着说："那我们怎样才能到达那座更高的山上呢？"小张说："先从这座山下去，再上那座山。"

总经理笑了笑，说道："你说得很对，有时候人往低处走也是好事。其实很多人都希望坐上销售经理的职位，就像我们刚才说的，销售和市场也是两座大山，除非你长有翅膀，能直接飞过去。"

小张明白了总经理的意思，回去之后，他主动学习销售方面的知识，慢慢又找回了以前的工作热情。一年后，他坐上了销售部经理的位子。

日常生活中，每个人都应该学会忘掉一切不幸的遭遇，从记忆中抹去一切使我们消沉、痛苦的事情，只有把这些放下了、忘记了，我们才能更好地开始另一段人生的路途。世事无常，失去一些也没什么大不了的，用一颗平常心去对待，一切都会好起来的。

对于那些曾经的失败，我们要正视它，并汲取教训。如果终日想着那些不幸的经历，只会越来越加剧自己的伤痛。把一切都看得淡一些，生活才会更美好、更幸福。

6. 用笑容去化解心中的阴云

在日常生活中，并不是所有的事情都是一帆风顺，有时总会遇到这样或者那样的无奈。你挚爱一个人，到头来她却和别人终成眷属；你好不容易迈进了大学的殿堂，毕业后的工作却不尽如人意，你努力工作，终于干出了成绩，受到奖赏的人却不是你……

面对这些挫折与不幸，你可以怨天尤人，也可以破罐子破摔，但是又有什么用呢？现实还是如此。

每天清早起床，给家人一个甜蜜的微笑，让他们知道，你永远是爱他们的；在上班的路上，对路上的行人相视一笑，让他们明白，你是友好的；到了办公室，给同事一个微笑，让他们知道你在给他们创造快乐。

英国著名诗人雪莱曾经说过这样一句话："微笑，实在是仁爱的象征，快乐的源泉，亲近别人的媒介。有了笑，人类的感情就沟通了。"这句话很有道理，微笑的确具有如此神奇的魅力。

在拥挤的街头上，小的摩擦和碰撞在所难免，双方相视一笑，所有的不快也就烟消云散；当你的朋友陷入困境的时候，一个友善的微笑就能给他带来无穷的动力。当你的孩子正处在迷茫的旅途中，你的笑容与鼓励会让他信心百倍。

微笑的魅力还不止这些，有的时候，微笑可以改变一个人的一生。

这个故事发生在英国的一个小镇上。清晨，当玛丽打开门时，突然发现眼前站着一个凶神恶煞的男人，他手里还拿着一把锋利的刀。

"你是推销菜刀的吧？你可真会开玩笑呀！朋友，我决定买你一把刀。"玛丽眨动着她那忽闪忽闪的机灵的大眼睛，微笑着说。

玛丽一边说着还把这个男人让进屋里，"我过去有一位好心的邻居长得很像你，我很高兴能够认识你，不知道你想喝咖啡还是茶……"玛丽说道。

这时，一脸杀气的歹徒有点不知所措。"谢谢，谢谢！"他连声说道。

后来，玛丽买下了那把明晃晃的刀。男人接过钱，犹豫了片刻，最后他转身离去。在走到门口的时候，他回过头来对玛丽说："小姐，你的笑容将会改变我的一生！"

微笑之所以神奇，是因为微笑也是一种力量，是一种能够激发想象和启迪智慧的力量。它能改变一个人的一生，它的力量包含着一种丰富的内涵。

有的时候，我们不能给我们身边的人带来更多的物质享受，但是我们可以给他们一个微笑，给他们一个好心情。真诚的笑容是给别人最好的礼物。成年人的笑容更是弥足珍贵。孩子的笑，天真烂漫，最纯真，最可爱。

在一个偏僻的小镇上，露西刚搬了家，不久，她发现隔壁住了一户穷人——一个寡妇与两个小孩子。

有一天晚上，那个小镇忽然停电了，露西只好自己点起了蜡烛。没一会儿，忽然听到有人敲门。开门一看，原来是隔壁邻居的小孩子，只见他紧张地问："阿姨，请问你家有蜡烛吗？"露西心想他们家竟穷到连蜡烛都没有吗？千万别借给他们，免得被他们依赖了，以后什么都借。于是，对孩子吼了一声说："没有！"

正当露西准备关上门的时候，那个小孩绽开关爱的笑容说："我就知道你家一定没有！"

说完，竟从怀里拿出两根蜡烛，说："妈妈和我怕你一个人住又没有蜡烛，所以我带两根来送你。"

此时，露西十分自责，感动得热泪盈眶，将那个小孩子紧紧地拥在怀里。

上帝在为你关闭一扇门时，会为你打开一扇窗。不要冷漠了他人对你的关怀。笑着面对生活吧，不要钻牛角尖，这样，我们的生活才会充满活力。

根据一些科学家的研究，微笑与人的身体健康息息相关。微笑有利于促进个人的身心健康，经常保持微笑可以克服抑郁寡欢、紧张、萎靡不振等不良情绪。保持微笑往往会给自己一种心理暗示，大脑就会产生积极的反馈，使自己更开心。当一个人露出发自内心的笑容的时候，还能够有效地缩短人与人之间的沟通距离，从而形成融洽的交谈氛围。所以，如果你想要成为一名出色的推销员，那么首先就要学会微笑。

现实生活中，让人烦心的事很多，工作岗位的竞争，同事之间的钩心斗角，所以，有的时候想让自己笑出来也很难。但是，生活中也有让你高兴的事，昨天我的上司表扬了我；我过生日的时候，朋友送了我一份珍贵的生日礼物；这段时间，母亲的身体越来越好了。只要调整好自己的心态，多想想让自己高兴的事，这样就能让自己笑起来。自然的笑容更能展现你的魅力，令人倾心。

生活中离不开微笑。面对失败和困境，一笑而过是一种乐观自信，然后重整旗鼓，这是一种勇气。面对烦恼和忧愁，一笑而过是一种平和释然，是一种境界。经常保持微笑的人是幸福的。

7. 学会忘记

在周星驰的电影《功夫》里面，有这样一句台词：
"记忆是痛苦的根源。"当然，周星驰的无厘头电影是出
了名的，不过这句台词还是很有实际意义的。时光不能倒
流，在过去，我们难免留下了遗憾，偶尔回头去想想那些
经历过的失误，也许对我们以后的人生、心态、行为，有
一些纠正和指引。但是，如果一直沉溺于当初的痛苦之
中，只会阻止我们前进的脚步。对于那些不快乐的过去，
我们没有必要时刻记在心上，忘记过去，重新开始，这才
是幸福之本。

在日常生活中，同事之间，朋友之间难免会发生一些不愉快，
但是，不同的人对待事情的处理方法往往会有不同的做法。有的
人，心胸狭窄，把气愤藏在心底；有的人，会让自己选择遗忘，把
误会和不愉快忘掉，给自己创造一个开朗的心境，也给别人一片灿
烂的天空。

小李在一家软件公司上班。平日里，他慎言慎行，生怕得罪身
边的同事。然而，怕什么，来什么。有一天，由于误会，他在言谈
间无意中得罪了一位老同事，当时那个同事什么也没说就走了。小
李十分担心，认为他一定是生气了。

回到家后，小李十分不安，一夜辗转难眠。第二天早晨，小李
到了单位以后，下定决心准备向那个老同事道歉。当他来到同事门
前，鼓起勇气推开门的时候，却没有看到同事阴沉的脸，他一脸笑

容、神采飞扬地看着小李。小李小心翼翼地提起前一天晚上的事："老师，昨天的事都是我不好……"话音未落，他打断了小李："昨天？哦，我都忘了，你还放在心上啊。来，喝杯咖啡。"小李一愣，随即恍然大悟。一句"我都忘了"，化解了二人之间的尴尬。

上帝赐给我们的不仅仅是记忆，还有忘记。记忆可以让我们记住那些美好的瞬间，然而，在人生的路上，并非都是良辰美景、风花雪月，有时还会遇到各种各样的不幸和挫折。这时，我们就要学会忘记。

在漫长的人生道路上，有着太多的喜怒哀乐以及悲欢离合。我们之所以会不快乐，就是因为那些不快的想法总会萦绕在我们的脑海中。过去的都已经过去，如果我们把这一切包袱都背在身上，岂不是活得很累？一位哲人曾经这样说过："当你为错过太阳而流泪时，你也将错过群星。"何必为追不回来的东西而流泪呢？我们应该学会遗忘，没有必要总跟自己过不去。

在日常生活中，把该忘的都忘了，无论多么糟糕的事情，一天之后，便会成为过去。如果你能学会忘记，也就学会了宽恕别人，同时也把自己从苦闷中解脱出来。所以，何必太在乎呢？

现实生活中，有些人在看电视或者电影的时候，往往被其中的情节感染，甚至为悲伤的情节流泪，有的人甚至被这些情节左右了自己生活。古人说："世上本无事，庸人自扰之。"仔细想来，还真是很有道理。儿童为什么烦恼少、快乐多？那是因为儿童的记忆时间短。两个孩子刚打过架，过一会儿又在一起玩了，打架的事早就忘了。而大人远远做不到这一点，所以，大人也应该学会适当地遗忘。

有一个24岁的年轻人，正处在人生的黄金时期，然而一件意外的事故让他背上了莫名其妙的罪名，他开始了漫长的牢狱生活。后来，在亲人的努力下，他的冤屈终于得到洗刷，在监狱度过了8年之后，重新开始了自己的人生之路。出狱之后，年轻人开始了漫长的控诉。每当想起自己的牢狱生活，他就不断地咒骂："谁有我这么倒霉，在我最年轻有为的时候遭受冤屈，在监狱里度过本应最美好的时光。在监狱里，我过得简直不是人的生活，吃着发霉的牢饭，牢房狭窄得连转身都困难，窄小的窗口里几乎看不到阳光，上帝为什么不惩罚那个陷害我的家伙？"

在他即将离开人世的时候，牧师来到他的床边，对他说："去天堂之前，忏悔你在人世间的一切罪恶吧！"躺在病床上的他感到莫名其妙，反问牧师："我有什么好忏悔的？我需要的是诅咒，诅咒那些施与我不幸命运的人。"牧师问："你因受冤屈在牢房里待了多少年？"

"8年。"他理直气壮地说。

牧师长长叹了一口气："你是世界上最不幸的人。"

他不明白，问牧师为什么。

"因为不幸，囚禁了你8年，而当你走出监狱本应获取自由的时候，你却用仇恨、诅咒囚禁了自己整整41年。"牧师这样回答。

如果你终日想着那些不幸的经历，只会增加对自己的忧伤，也只会让自己陷入无底的深渊。忘掉它们，把那些痛苦的过去从记忆中赶走。忘记过去的成功与失败，给自己一个全新的开始，便可以迅速找到成功的契机。

学会忘记的人是幸福的，无论多么糟糕的事情，一天之后，便会成为过去，给自己一个新的开始，这样才能探寻一种新的人生。对于那些不幸的经历，唯一值得去做的，就是彻底将它们埋葬。

8. 给自己减压

在日常生活中，学会在前进中寻找不足，从成功中总结经验，静静地思考未来的路，勇敢地超越自己。不要让暂时的胜利阻碍自己前进的脚步，和昨天的成功说声再见，然后继续未来的征途。生命的过程是美丽的，更不乏精彩，无论什么时候，都不要让生命承受不应有的沉重。我们应该学会工作，更要学会生活，即使我们不能为它增光添彩，最起码也应该让它绽放自己的色彩。

所以人要适时地给自己减压，给大脑放个假，让自己的生活更轻松一点。

列宁说过这样一句话："没有休息，就没有工作。"在大都市中，工作繁忙的公司总经理们非常注意休息，这些人常常把自己的休息安排得舒适合理，每天哪怕只能有1个小时的放松，也不放过。他们把休息时间列入作息时间表，与工作同样看重，坚持执行。如果你决定下午抽出一个小时来锻炼身体，就应当丝毫不动摇，绝对不让其他事情来剥夺这段宝贵时间。

保罗是一家大型企业的总经理，他经常到夏威夷度假，在度假之前，他总是对自己的助理说这几天中不要因公事来打搅他，他需要彻底放松。如果有急事，那就由助理来拿主意。

在现实生活中，能否在事业上成功，实际上主要取决于你怎样去安排时间。因此，你应该好好地安排，需要合理分配时间。

将事情想得太远，就成了无休止的压力。给大脑放个假，让它也能得到适当的放松与享受，这样思考问题才能更加清晰，生活才能变得更加美好。

当长时间的紧张统治着你、折磨着你的时候，你的工作效率就会开始下降，并且会严重地影响着你的个人生活，使你失去了工作和生活的热情。

因而，在生活中，面对着各种各样不合自己心意的事，与各种各样不与自己性格相符的人相处，你会采取什么样的态度呢？是坦然、磊落、轻松地对待，还是谨小慎微，抬头怕顶破天，走路怕踩到蚂蚁呢？值得告诉大家的是，不要让自己长期生活在紧张压抑之中，不要让自己生活的琴弦绷得太紧，就是别活得那么累。必要的时候，放松一下自己，轻松地活着。

曾经看过这样一个哲理故事，大致意思是这样的，作者把人的一生比作攀登一座高山，如果你一直不停地攀登，希望早点到达顶峰，而忽略了沿途的风景，那么当你到达顶峰的时候，也意味着你的人生即将终结。如果你能一边攀登，一边欣赏沿途的美景，那么你虽然爬得慢，但你却体会到了异样的风情。

压力无处不在，任何人都躲避不了。因为人不是万能的，不可能把一切不顺心之事变为理想之事。关键看你怎样对待已经发生的事。我们都是压力的创造者与承受者，同时也是压力的去除者。

面对生活中的各种压力，要学会给自己减压。随时看到和想到自己生活中光明的一面，同时意识到自己面临的困境，别人也曾遇到过，甚至比自己的更严重，那你就能从某种烦恼和痛苦中解脱出来，并且有可能获得新生，这样你的生活才幸福。

9. 克服消极，笑对一切

假如你心情抑郁，那么请记住美国著名策划专家乔治·凯的话："用快乐的微笑打扫你抑郁的心情吧！"懂得生活的人都把"笑对人生，快乐生活"作为自己的座右铭，他们这种积极快乐、热爱生活的态度，使他们的生活充满生机与阳光。

有这样一个小故事：

有一位老先生，得了病，头痛、背痛、茶饭无味、萎靡不振。他吃了很多药，也不管用。这天听说来了一位著名的中医，他就去看病。名医诊断一番后，给他开了一张方子，让老先生去按方抓药。老先生来到药铺，给卖药的师傅递上方子。师傅接过一看，哈哈大笑，说这方子是治妇科病的，名医犯糊涂了吧？老先生赶忙去找医生，医生却到远方出诊去了，说要一个多月才能回来。老先生只好揣起方子回家。回家路上，他想糊涂医生开糊涂方，自己竟得了"月经失调"的妇女病，禁不住哈哈大笑起来。这以后，每当想起这件事，老先生就忍不住要笑。他把这事说给家人和朋友，大家也都忍不住笑。一个月后，老先生去找医生，笑呵呵地告诉医生方子开错了。医生此时笑着说，是故意开错的。老先生是肝气郁结，引起精神抑郁及其他病症。而笑，则是他给老先生开的"特效方"。老先生这才恍然大悟——这一个月，老先生光顾笑了，什么药也没吃，身体却好了。

想想看，笑，对一个人的生活有着多么大的影响。它关系着我们的健康，我们的心情，我们与他人的沟通，我们事业的成败，我们生命的意义。

印度大文豪泰戈尔说："世界上的事情最好是一笑了之，不必用眼泪去冲洗。"

还是开心地笑吧，"不要使冰霜结在你的脸上"，这是青年人应该有的生活态度。我们忙忙碌碌地生活在这个世上，每一天都承受着巨大的生存压力。我们要维持自身和家庭的生活水准不至于太低，我们要时时提防天灾人祸的发生，我们面对着生老病死的困扰，我们要和形形色色的人打交道……如果我们不懂得调节自己，苦恼、忧愁、烦躁、愤怒、痛苦……这些不良的情绪就会严重地损害我们的身体和精神。就像老话说的"愁一愁，白了头"。最好的自我调适方法，就是笑，就是乐观地生活，就是养成乐观生活的好心态。

俗语说得好，笑一笑，十年少。的确，经常保持愉快的心情，笑口常开，是极有益于身心健康的。笑，使肌肉变得放松，身心在极度放松的状态下，很难引起焦虑。只要你笑，就多一份觉醒，对这个世界更有安全感，世界也会分享我们的感觉。笑对一切，乐观向上，应该是青年们的处世态度，是成功的良好心态之一。它首先是一种乐观开朗的生活态度，是对人对己的宽容大度，是不计较得失的坦然心胸。

愉快的笑声，是精神健康的可靠标志。让我们记住，笑对一切，乐观生活。用微笑和乐观的心态来面对人生，解释生活给我们的每一天都快乐而充实。要快乐地生活，就要学会摆脱繁杂生活的束缚，一身轻松，心情才会更好。乐观的态度是战胜困难走向成功的法宝。

古人早就指出："世味浓，不求忙而忙自至。"所谓"世味"，就是尘世生活中为许多人所追求的物质享受、为人欣羡的社会地位、显赫的名声，等等。今日的青年人追求的"时髦"、"新潮"、"时尚"、"流行",也是一种"世味",其中的内涵说穿了,总不离物质享受和对"上等人"社会地位的尊崇。这种"世味"一浓,人就会像被鞭子抽打的陀螺,或拼命打工,或投机钻营、应酬、奔波、操心……你就会发现自己很难再有轻松地躺在家中床上读书的时间,也很难再有与三五好友坐在一起"侃大山"的闲暇。你忙得会忽略了自己孩子的生日;你会忙得很难陪父母叙叙家常……

只有简单地生活,才能快乐地享受人生。不奢求华屋美厦,不垂涎山珍海味,不追时髦,不扮贵人相,过一种简朴素净的生活,一种外在的财富也许不如人,但内心充实富有的生活。这是自然的生活,有劳有逸,有工作着的乐趣,也有与家人共享天伦的温馨、自由活动的闲暇。还用去忙里偷闲吗?

一个微笑不费分文,但给予甚多,它使获得者富有,但并不使给予者变穷。一个微笑只是瞬间,但有时对它的记忆却是永远。世上没有一个人富有和强悍得不需要微笑,世上也没有一个人贫穷得连微笑都没有。一个微笑为家庭带来愉悦,在同事中滋生善意。

要想成就一番事业,愁眉苦脸是无济于事的,只有养成乐观自信的好心态,笑对一切困难并战胜它们,才能让自己过得更幸福。

> 消极的人生态度是人生道路上的绊脚石,克服消极就是战胜了自己,学会笑对人生,笑对生活,追求自己想要的生活,这才是幸福的真谛。

10. 心态好，生活才幸福

活着就是一种快乐、就是一种幸福。如果保持快乐的心情，那么你就会拥有快乐；如果你选择幸福，那么你就会拥有幸福。

古代有一位国王，他整天神情沮丧、闷闷不乐。他每天都在寻找快乐，但是他从来没有感受过快乐。大臣们历经千辛万苦、费尽百番周折，有一天，终于为他找到了一位自称"没有一天不快乐的"樵夫。

国王看着眼前这位衣衫褴褛的樵夫，非常好奇，他问："你为何每天都很快乐？"樵夫坦然一笑："我曾经因为没有鞋穿而烦恼沮丧，但是当我看到没有双脚的人依然开心快乐时，我便不再难过、伤心！"听完樵夫的话，国王顿悟，快乐原来如此简单！其实，所谓快乐，只是一种心态而已，心态好，一切都好。

有一位年轻的职业经理，他的事业正在迅速地成长，然而他的情绪却非常消沉。他认为自己要死了，感觉自己的末日马上就要到了。实际上，他并没有什么大问题。只是经常感到呼吸急促，心跳很快，喉咙梗塞。他的家庭医生是位很有名的内科和外科医生，医生劝他休息，泰然处理生活，暂时放松一下自己。

于是，这位经理听从了医生的建议，在家里休息了一段时间，但是由于恐惧，他的心里仍不安宁。他的呼吸变得更加急促，心跳得更快，喉咙仍然梗塞。在使用了各种方法无效后，他的医生劝他到科罗拉多州去度假。

科罗拉多州是一个好地方，那里有使人健康的气候，美丽的山峦，但仍不能阻止这位经理陷入恐惧。一周后，他不得不回到家里。他觉得死神即将降临，感觉更加恐惧。

这时，家人和朋友都非常着急，一位朋友告诉这位经理："到明尼苏达州罗契斯特市的梅欧兄弟诊所去，它是非常有名的，如果你到那里去，你可以彻底弄清病情，不会失去什么，马上去吧！"按照朋友的建议，他去了那家诊所。

梅欧兄弟诊所的医生给他做了全面检查。然后告诉他："你的症结是吸进了过多的氧气。"他笑起来说："那太愚蠢了，我该怎么改变这种情况呢？"

医生说："当你感觉到呼吸困难，心跳加快的时候，你就向一个纸袋里呼气，或者暂时屏住气息。"说着，医生递给了经理一个纸袋，于是，他就遵医嘱行事。结果他的心跳和呼吸都变得正常了。当他离开这个诊所时，心情感觉特别愉快。

回到家以后，每当他的疾病症状发生时，他就按照医生的说法去做。几个月以后，他的病症就消失了，终于变成了一个正常的人。事实上，他的病症主要是心病。

自此以后，他再也没有找医生看过病。心病还需心药来医治，不要猜疑自己的健康，如果能长期地保持健康的心理状态，那么心病自然会被消除。

掌控心灵的不是上帝，而是自己。世上没有绝对幸福的人，只有不肯快乐的心。人生充满了希望与快乐，如果掌握好自己的心舵，就能使自己活得轻松快乐，这样也就达到了人生的目的。因为，人活的就是一种心态，好心态才能有好运气支配自己的命运。

254

11. 让自己向好心情看齐

随着时代的进步，社会竞争也逐渐趋于激烈化，那么社会给予人们的压力自然有增无减。拥有美好轻松的生活已经成了每个人心目中最为期待的事情。他们期待着上天能够赐予他们一片净土，让他们无忧无虑地享受一下生活，哪怕只有短暂的一天。其实，拥有这样想法的人们完全没有必要把希望寄托在上天的身上，实现自己的愿望还要靠自己拥有一份好心情。

期末考试过去了，阿超没有考出令自己满意的成绩，心情极度的糟糕，为了这次考试他付出了许多时间复习，可是却换得了这样的结果，心里十分不服气。回到家后，他将自己的心情告诉了他那开明的父亲。父亲安慰他，并给他讲了一个故事。故事是这样的：

上帝给小明一项任务，要他牵着一只蜗牛去散步。小明辛苦地走着，因为他不能走得太快。尽管蜗牛已经尽力爬了，可是每次还是只能挪那么一点点。小明威胁它、责备它、吓唬它，可这一切都没起任何作用，蜗牛总是用抱歉的眼光看着他，仿佛在说："不要再责备我了，我已经付出了我所有的力气，我只能走这么快了。"

可小明还是不死心，他拼命地拉它、扯它，不料蜗牛却因此受了伤，豆大的汗珠浸在它的额头上，它喘着粗气，吃力地往前爬。小明一直不明白为什么上帝给他这项无聊的任务。他仰天大叫说："上帝啊！上帝，你为什么要我干这样无聊的事情啊？"可是，上帝没有回答小明的问话。

小明想，让他自己爬吧，反正上帝也不管了，我还管它干什么？这不是自讨苦吃吗！小明放开他手中的线，任蜗牛自己往前爬，他则清闲地跟在蜗牛的后面。一会儿，一阵花香闯入了小明的鼻子，原来这附近有个美丽气派的花园。他闭上眼睛享受着微风拂面，香味扑鼻的美妙。慢慢地，他听到鸟叫、虫鸣，抬头望去看到蓝蓝的天。小明贪婪地享受着这份美好，心里暗暗地想：为什么以前从没发现过这么美丽的地方？为什么以前从来没有享受过这样的感觉？他忽然想起来，原来他从来没有像现在这样安心，从来没有摆脱过烦恼。

学会调节自己时刻紧绷的大脑，放飞心中许久不曾动用过的轻松与快乐，让它们去滋润你的生活。尽量不要想自己的不如意，让自己的心向好心情看齐。

阿红经常讲述她奶奶的故事，而且在讲述过程中总是满脸的赞叹之情。她说，她奶奶已经是80多岁的人了，可是表面看上去却永远是那么雍容淡定。将头发简单地盘在脑后，一身干净、利落的素旗袍是她最喜欢的装束。尽管爷爷已经去世30年了，可她却从不像一个失去丈夫的女人。

有一次，她奶奶的心脏病复发，她带着奶奶平时最喜欢吃的东西去探望。她发现奶奶正躺在床上，看起来依然雍容淡定，与往常不同的只是脸色有些苍白。阿红陪她聊着聊着，就被墙上的一些旧照片夺走了目光，她看看照片中的奶奶，再看看躺在床上的奶奶，相比之下却找不出太多的不同，那些照片还是当年爷爷和奶奶一起生活时照的。她不禁佩服地说："奶奶，您和从前一样漂亮，始终都那么雍容淡定，始终都那么年轻美丽。"

奶奶听到孙女的赞扬，脸上顿时漾开虚弱的笑容："还漂亮什么啊！老了，不行了！转眼间你爷爷走了三十几年了，可是，我始终觉得他就活在我身边，我每天打扮自己也是给他看的。奶奶年轻的时候通过媒妁之言嫁给你爷爷，成亲前我母亲就对我说，人这一辈子首先要记住一件事，那就是把自己打扮整齐、干净，这样才能告诉别人你是一个心灵健康的人，对生活充满了希望，也只有这样，孩子们才能以你为榜样，活出他们自己。"

事实上，奶奶确实是这样做的，她的几个孩子个个看起来都干净、整齐，而且每天都能保持一个好的心情，活出了一份属于他们的美丽。

不管你是繁忙还是清闲；不管你是痛苦还是欢乐；不管你是贫穷还是富有，都要保持一个良好的心态，这样才能让快乐、积极的情绪充满你的心房。

12. 拥有**乐观向上**的心态

一切烦恼都由心生，也由心而灭。英国著名作家萨克雷有一句名言是这样说的："生活是面镜子，你对它笑，它就对你笑；你对它哭，它也就对你哭。"这句极其简单的话语，实际上蕴含了丰富的人生哲理。

遇到任何艰难的事情，一定要运用选择的权利，保持一个平和的心态。坚决摒弃消极悲观的想法，选择积极乐观的想法，如果你这样做了，快乐就会围绕在你的身边，而你也就成了名副其实的快乐的主人。

哈利是一家建筑公司的工程师，他的心情总是很好，并且能够感染他周围的人，当有人问他近况如何时，他经常说的一句话就是："我快乐无比。"

他告诉自己的朋友，无论遇到什么样的事情，都应该向好的方面考虑。他说："每天早上起床后，我都知道，我有两种选择，既可以选择心情愉快，也可以选择心情沮丧，我会毫不犹豫地选择心情愉快。每当糟糕的事情降临的时候，我可以选择成为一个受害者，也可以选择从中学到一些经验教训，我选择了后者。人生时刻都面临选择，你选择如何去面对各种处境，也就是在选择如何面对人生。"

有一次，他在回家的路上，被三个持枪的歹徒拦住了。当他在与歹徒搏斗的时候，不幸中弹了。幸运的是警察及时赶到，哈利被送进了医院急诊室。

在去医院的路上，哈利对自己说，现在有两个选择：一是死，一是活。他选择了活。就在医生们把哈利推进急诊室的时候，他从医生的眼神中读到了可怕的死亡预告。

这个时候，有个护士大声问哈利，他对什么东西过敏。哈利马上答：我有过敏的东西。此时，所有的医生、护士都停下来等待着哈利把话说下去。哈利深深地吸了一口气，然后大声吼道："子弹。"

医生和护士都笑了，接着哈利又说道："请把我当活人来治疗，而不是死人，我还要活下去。"

最后，经过十几个小时的抢救和几个星期的精心治疗，哈利健康地出院了，他就这样活下来了，而且后来他一直非常健康。

快乐是一天，不快乐也是一天，何不天天快乐呢？面对现实中的不如意，要保持乐观良好的心态，积极勇敢地面对生活，这样才能拥有健康幸福的人生！